物理化学实验

侯　炜　戴莹莹　主编

北京理工大学出版社
BEIJING INSTITUTE OF TECHNOLOGY PRESS

图书在版编目（CIP）数据

物理化学实验 / 侯炜，戴莹莹主编. —北京：北京理工大学出版社，2016. 8（2021.12重印）

ISBN 978-7-5682-2711-7

Ⅰ.①物… Ⅱ.①侯… ②戴… Ⅲ.①物理化学-化学实验 Ⅳ.①O64-33

中国版本图书馆 CIP 数据核字（2016）178192 号

出版发行 / 北京理工大学出版社有限责任公司

社　　址 / 北京市海淀区中关村南大街5号

邮　　编 / 100081

电　　话 /（010）68914775（总编室）
　　　　　　（010）82562903（教材售后服务热线）
　　　　　　（010）68944723（其他图书服务热线）

网　　址 / http：//www. bitpress. com. cn

经　　销 / 全国各地新华书店

印　　刷 / 北京虎彩文化传播有限公司

开　　本 / 710毫米×1000毫米　1/16

印　　张 / 6. 75　　　　　　　　　　　　　　　责任编辑 / 钟　博

字　　数 / 97千字　　　　　　　　　　　　　　文案编辑 / 钟　博

版　　次 / 2016年8月第1版　2021年12月第4次印刷　责任校对 / 周瑞红

定　　价 / 23. 00元　　　　　　　　　　　　　　责任印制 / 王美丽

前言

　　本书结合高职高专院校化工类专业教学领域的改革和实践，根据高职高专院校化工类专业"物理化学"课程的内容，结合高职高专教育培养高技能人才的特点，广泛学习、研究目前物理化学实验的方法和手段，总结编者多年积累的实验教学经验，结合当前实验仪器的发展现状编写而成。

　　本书分为四个部分：① 绪论。此部分内容包括物理化学实验的目的和要求，实验测量误差分析、实验数据表达与处理、实验的安全防护。② 实验部分。此部分精选了化学热力学、化学动力学、电化学、表面化学和胶体分散系统等方面的 13 个具有代表性的基础实验，每个实验项目包括实验目的和要求、实验原理、仪器与试剂、实验步骤、数据记录与处理、思考与讨论、实验注意事项等。③ 部分仪器设备的使用说明。此部分内容包括实验所涉及仪器的原理及其使用方法。④ 附录。此部分包括国际单位制以及实验常用数据表格。

　　本书在编写过程中，突出应用和实用的特点，尽量使实验内容直观、易懂，使学生在学习了物理化学基本原理的基础上进一步掌握相关知识的应用，并初步掌握化工类专业的基本操作技能。

　　本书由内蒙古化工职业学院的侯炜、戴莹莹编写，可供职业类和技术类院校相关专业的学生使用。因编者水平有限，书中难免有不当和疏漏之处，敬请读者指正。

编　者

2015.12

目 录

CONTENTS

第一章　绪论 ·· 001

1.1　物理化学实验的目的和要求 ··· 001

1.2　物理化学实验中的误差问题 ··· 003

1.3　物理化学实验数据的表示形式 ·· 009

1.4　物理化学实验室安全知识 ·· 012

第二章　实验部分 ·· 015

实验一　燃烧热的测定 ·· 015

实验二　液体饱和蒸气压的测定 ··· 023

实验三　完全互溶双液系气–液平衡相图的绘制 ·························· 028

实验四　二组分固–液相图的绘制 ·· 033

实验五　用凝固点降低法测定摩尔质量 ······································ 036

实验六　分配系数的测定 ··· 041

实验七　用旋光法测定蔗糖水解反应的速率常数 ························· 045

实验八　用电导法测定弱电解质的解离平衡常数 ························· 050

实验九　原电池电动势的测定 ·· 054

实验十　溶液 pH 值的测定 ··· 059

实验十一　电势–pH 曲线的测定 ·· 061

实验十二　溶液表面张力的测定——用最大气泡压力法 ················ 066

实验十三　溶胶和乳状液的制备与性质 ······································ 070

第三章　部分仪器设备的使用说明 ··· 074

3.1　高压钢瓶的安全使用 ··· 074

3.2 精密数字压力计的使用方法 …………………………………………… 077

3.3 阿贝折光仪的工作原理及使用方法 …………………………………… 079

3.4 自动旋光仪的工作原理及使用方法 …………………………………… 084

3.5 电导率仪的使用方法 …………………………………………………… 087

3.6 数字电位差综合测试仪的使用方法 …………………………………… 090

3.7 pHS-2 型酸度计的工作原理及使用方法 ……………………………… 092

附录 物理化学实验常用数据 ……………………………………………… 095

附录一 国际单位制基本单位（SI） ……………………………………… 095

附录二 国际单位制中的导出单位 ………………………………………… 095

附录三 不同温度下水的饱和蒸气压 ……………………………………… 096

附录四 一些物质的饱和蒸气压与温度的关系 …………………………… 097

附录五 不同温度下水的表面张力 ………………………………………… 097

附录六 不同温度下水和乙醇的折光率 …………………………………… 098

附录七 金属混合物的熔点 ………………………………………………… 098

附录八 几种溶剂的凝固点下降常数 ……………………………………… 099

附录九 KCl 溶液的电导率 ………………………………………………… 099

附录十 不同温度下无限稀释离子的摩尔电导率 ………………………… 100

附录十一 298.15 K 标准电极电势及其温度系数 ………………………… 101

附录十二 常用参比电极的电势与温度系数 ……………………………… 101

参考文献 …………………………………………………………………… 102

第一章
绪　论

物理化学实验以测量系统的物理量为基本内容，综合了化学领域中各分支所需的基本研究工具和方法，通过实验的手段，研究物质的物理化学性质以及这些物理化学性质与化学反应之间的关系，从而形成规律的认识，使学生掌握物理化学的相关理论、实验方法和实验技术，以培养学生分析问题和解决问题的能力，使学生具备一定的实验技能。

1.1　物理化学实验的目的和要求

物理化学实验的主要目的是使学生能够掌握物理化学实验的基本方法和技能，从而能够根据所学原理设计实验，正确选择和使用仪器，培养学生正确地观察现象、记录数据、处理数据以及分析试样结果的能力以及严肃认真、实事求是的科学态度和作风。通过物理化学实验课程的教学可以加深和巩固学生对物理化学原理的理解，提高学生对物理化学知识灵活运用的能力。为了达到上述目的，必须对学生进行正确而严格的基本操作训练，并提出明确具体的要求。

实验过程中的具体要求分为以下三个方面。

1. 实验前的预习

（1）实验前必须充分预习，明确实验内容和目的，掌握实验的基本原理，了解所用仪器、仪表的构造和操作规程，熟悉实验步骤，明确实验要测量的数据并做好实验记录。

（2）写出预习报告,其内容包括实验目的、原理和简单的实验内容提要。针对实验时要记录的数据详细地设计一个原始数据记录表格。

2. 实验过程

（1）进入实验室后不得大声喧哗、乱摸乱动,根据教师的安排按实验台编号进入指定的实验台,检查核对所需仪器。

（2）不了解仪器使用方法前不得乱试,不得擅自拆卸仪器。仪器安装调试好后,必须经教师检查无误后方能进行实验。

（3）遇有仪器损坏,应立即报告,检查原因,并登记损坏情况。

（4）严格按实验操作规程进行实验,不得随意改动,若确有改动的必要,事先应取得教师的同意。

（5）应注意养成良好的记录习惯。记录数据要求完全、准确、整齐、清楚。所有数据应记录在预习报告上,不能只拣好的记,不得用铅笔或红笔记录,不能随意涂改数据。如发现某个数据有问题应该舍弃,可先用笔将其划掉,再写出正确数据。

（6）充分利用实验时间,观察现象,记录数据,分析和思考问题,以提高学习效率。

（7）在实验过程中应爱护仪器,节约药品。实验完毕后应仔细清洗和整理实验仪器,打扫实验室卫生。

3. 实验报告

实验结束后,应严格地根据实验记录,对实验现象作出解释,写出有关反应,或根据实验数据进行处理和计算,得出相应的结论,并对实验中的问题进行讨论。要独立完成实验报告,及时交给指导教师审阅。书写实验报告时应字迹端正,简明扼要,整齐清洁,实验报告写得潦草者应返回重写。

实验报告的内容包括:

（1）实验名称、实验日期、实验条件、实验者及同组人姓名。

（2）实验目的:应简单明了,说明实验方法及研究对象。

（3）实验原理:原理内容应简明扼要、清楚,包括必要的公式。

（4）实验仪器及装置示意图:标明仪器型号与精度以及实验试剂等。

（5）实验步骤:若实验步骤与实验教材相同,可简明扼要地书写,否则需写出具体的实验操作步骤。

（6）实验记录及数据处理：实验数据记录尽量以表格的形式表示，实验数据处理需要作图时必须使用坐标纸，计算结果要列出计算步骤。

（7）思考与讨论：实验后的思考题解答、对实验过程中出现的现象的分析和解释、对实验结果的误差分析、对实验的改进意见以及实验后的心得体会等。

1.2　物理化学实验中的误差问题

物理化学实验以研究系统的物理化学性质与化学反应间的关系，并测量系统的物理量为基本内容，在实验中对所测的实验数据加以归纳整理，找出变量间的规律。在测量时，由于所用仪器、测量方法、条件控制和实验者观察局限等因素的影响，测量值与真值之间存在着一个差值，称为测量误差。实践证明，一切实验测量的结果都具有这种误差，严格来说真值是无法测得的。只有了解误差的种类、起因和性质，才可能抓住实验准确性的关键，突破难点。通过误差分析可以寻找较合适的实验方法，选择适当精度的仪器，寻求最有利的测量条件。此外还要求学生掌握有效数字修约、数据列表、作图、正确表达测量结果的方法，培养正确分析归纳实验结果的能力，这是物理化学实验的重要目的。

1.2.1　误差的分类、产生原因及消除办法

1. 系统误差

在相同条件下多次测量同一物理量时，测量误差的绝对值和符号保持恒定，或在条件改变时，按某一确定的规律而变化的测量误差称为系统误差。系统误差在测量的过程中绝不能忽视，因为有时它比偶然误差要大出一个或几个数量级，因此在任何实验中，都要深入地分析产生系统误差的各种因素并尽力加以排除。系统误差的来源如下：

（1）仪器误差。这是由仪器结构的缺点所引起的。仪器刻度不准确或零点发生变动，温度计、滴定管等的刻度不准，仪器系统本身的问题等均可引

起仪器误差。

（2）方法误差。其由采用了近似的测量方法或近似公式、测量方法所依据的理论不完善等所引起，这是测量方法本身导致的误差。

（3）试剂误差。其为化学试剂纯度不够所引起的误差。

（4）实验条件控制不严格。如用滴重法测量液体的表面张力时，恒温槽的温度偏高或偏低，都会导致显著的系统误差。

（5）实验者感官上最小分辨力和某些固有习惯引起的误差。如在光学测量中用视觉确定终点和电学测量中用听觉确定终点时，实验者本身所引进的系统误差，使读数恒偏高或恒偏低。

系统误差决定着测量结果的准确度。系统误差越小，结果越准确，增加测量次数不可能消除系统误差，必须通过不同的实验方法，如做对照实验、改变实验条件，更换仪器、药品等来检查是否有系统误差存在，它是什么原因引起的，然后通过空白实验、校准仪器等方法设法消除系统误差或使之减小。

2. 偶然误差

在实验中，即使消除了系统误差，但在相同条件下多次重复测量同一物理量时，每次测量结果都有些不同（在末位数字或末两位数字上不同），它们围绕着某一数字上、下无规则地变动，其误差符号时正时负，误差绝对值时大时小，这种测量误差称为偶然误差。但随着测量次数的增加，可发现偶然误差的大小和符号完全受某种误差分布的概率规律所支配。这种规律称为误差规律，一般呈正态分布，如图 1–1 所示。造成偶然误差的原因大致有：

（1）实验者对仪器最小分度值以上的估读，很难每次严格相同。

（2）测量仪器的某些活动部件所指示的测量结果，在重复测量时很难每次完全相同，这种现象在使用时间久、质量较差的电子仪器上最为明显。

（3）暂时无法控制的某些实验条件的变化，也会引起测量结果的不规则变化。例如许多物质的物理化学性质都与温度有关，实验测量的过程中，必须控制温度，但温度恒定总是有一定限度的，在这个限度内温度仍然不规则地变动，这导致测量结果的不规则变化。

在一定的测量条件下，偶然误差的绝对值不会超过一定的界限，绝对值相同的正负误差出现的机会相同。绝对值大的误差出现的机会比绝对值小的误差出现的机会少。以相同精度测量某一物理量时，其偶然误差的算术平均值随着测量次数 n 的无限增加而趋近于零。

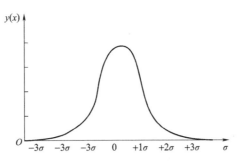

图1-1　正态分布的误差曲线

3. 过失误差

实验者的粗心、不正确操作或测量条件的突变所引起的误差称为过失误差。例如使用了有问题的仪器，实验者选错、记错或算错数据等都会引起过失误差。显然，过失误差在实验工作中是不允许发生的，如果认真仔细地进行实验，过失误差是完全可以避免的。

1.2.2　准确度与精密度

1. 准确度和误差

在实验中，直接测定一个物理量时，由于测量技术和人们观察能力的局限，测量值与真实值有一定的差距。通常用准确度表示实验结果与真实值接近的程度，准确度的高低常以误差的大小来衡量。误差越小，分析结果的准确度越高。误差有两种表示方法：绝对误差和相对误差。

$$绝对误差（E）=测定值（x）-真实值（T） \qquad (1-1)$$

$$相对误差（RE）=\frac{绝对误差（E）}{真实值（T）}×100\% \qquad (1-2)$$

2. 精密度和偏差

精密度是指在相同条件下 n 次重复测量结果彼此相符合的程度。精密度的大小用偏差表示，偏差越小说明测量的精密度越高。偏差也有两种表示方法：绝对偏差和相对偏差。

$$绝对偏差\ d = x - \bar{x} \tag{1-3}$$

$$相对偏差 = \frac{x - \bar{x}}{\bar{x}} \times 100\% \tag{1-4}$$

式中，$\bar{x}$ 代表各次测量值的平均值。如对某物理量测量 n 次，以 x_1，x_2，$\cdots$，x_n 代表各次的测量值，则有

$$\bar{x} = \frac{x_1 + x_2 + \cdots + x_n}{n} \tag{1-5}$$

精密度是保证准确度的先决条件，只有精密度高，准确度也高的测量数据才是可信的。

1.2.3　误差的表示方法

除了上述绝对误（偏）差和相对误（偏）差外，在物理化学实验中还常用下面两种方法表示误差。

1. 平均偏差

若测量次数为 n，每次的测量值为 x_i，测量数据的平均值为 $\bar{x}$，则对于有限次数的测量，每次测量的绝对偏差为

$$d_i = x_i - \bar{x} \quad (x=1,\ 2,\ \cdots,\ n) \tag{1-6}$$

绝对偏差的绝对值之和的平均值，称为平均偏差，用符号 $\bar{d}$ 表示。

$$\bar{d} = \frac{\sum |d_i|}{n} = \frac{\sum |x_i - \bar{x}|}{n} \tag{1-7}$$

$$测量结果的相对平均偏差 = \frac{\bar{d}}{\bar{x}} \times 100\% \tag{1-8}$$

2. 标准偏差

标准偏差又称均方根偏差。当测定次数无穷大时，标准偏差 σ 的表达式为

$$\sigma = \sqrt{\frac{\sum (x_i - \mu)^2}{n}} \tag{1-9}$$

式中，μ 为总体平均值，在校正系统误差的情况下 μ 即真值。

在一般分析工作中，只做有限次数的平行测定，这时标准偏差用 s 表示：

$$s = \sqrt{\frac{\sum(x_i - \bar{x})^2}{n-1}} \qquad (1-10)$$

相对标准偏差也称为变异系数（CV），其计算式为

$$CV = \frac{s}{\bar{x}} \times 100\% \qquad (1-11)$$

用标准偏差表示的精密度比用平均值好，因为单次测量的偏差平方后，较大的偏差便更显著地反映出来，从而更能说明所测数据的分散程度。

1.2.4　测量结果的正确记录与有效数字

任何测量都是有误差的，测量结果的记录直接影响测量的误差。表示测量结果的数值，其位数应与测量精密度一致。例如，普通 50 mL 的滴定管，其最小刻度为 0.1 mL，记录消耗的体积 28.75 是合理的，前面 3 位数字是完全正确的，最后一位数字是不确定的、估读的数字。前面三位正确的数字和这一位估读的数字一起称为有效数字。如果记录为 28.7 或 28.758，则它们都是错误的，因为它们分别缩小和夸大了仪器的精密度。很多实验需要通过间接测量计算结果，这涉及运算过程中有效数字的确定问题，现简要介绍如下。

1. 有效数字的确定

（1）误差一般只有一位有效数字，至多不超过两位。

（2）任何一个物理量的数据，其有效数字的最后一位应和误差的最后一位一致。例如：分析天平的称量误差是±0.000 1 g，则数据 3.456 7±0.000 1 g 是正确的。3.456 72±0.000 1 g 夸大了结果的准确度，3.456±0.000 1 g 则缩小了结果的准确度。

（3）有效数字的位数与所使用的单位无关，与小数点位数无关。如 21.3 mL 与 0.021 3 L，其有效数字均是三位。

（4）数字"0"在数据中具有双重意义，当其作为普通数字使用时为有效数字，当其仅起定位作用时就不能算有效数字。例子见表 1-1。

表 1–1　实验数据的有效数字位数举例

实验数据	30.6	3.06	0.306	0.030 6	0.306 0
有效数字位数	三位	三位	三位	三位	四位

由此可见，如果"0"在其他数字的前面，其仅起定位作用，不包括在有效数字的位数中；如果"0"在其他数字的中间或末端，则其表示一定的数值，应包括在有效数字的位数中。在记录比较大或比较小的数据时，为了清楚表达有效数字的位数，一般用科学计数法记录数字。如 123 400，末端两个"0"就说不清楚它是有效数字还是只表明数字位数。为了明确表示有效数字的位数，一般采用指数表示法。例如：1.234×10^3、1.234×10^{-1}、1.234×10^{-4}、1.234×10^5 都是四位有效数字。

2. 有效数字的运算规则

（1）在运算过程中舍弃过多的不定数字时，应用"4 舍 6 入，逢 5 尾留双"的法则。当数值的首位大于 8 或等于 8 时，可以多算一位有效数字，如 8.31 可在运算中看成四位有效数字。

（2）在做加减运算时，各数值小数点后面所取的位数与其中最少者相同。

例如：0.012 1+25.64+1.057 82 的计算方法是 0.01+25.64+1.06=26.71。25.64 中的"4"已是可疑数字，因此最后的结果中有效数字的保留应以此数为准，即保留有效数字的位数到小数点后第二位。

（3）在乘除运算中，各数保留的有效数字应以其中有效数字最少者为准。

例如：0.012 1×25.64×1.057 82 计算方法是 0.012 1×25.6×1.06=0.328。0.012 1 是三位有效数字，相对误差最大，应以它为准，将其他数字根据有效数字修约原则，保留三位有效数字，然后相乘即得 0.328 的结果。

（4）在比较复杂的计算中，要按先加减后乘除的方法。计算中间各步可保留数值位数较以上规则多一位，以避免由于多次修约而引起误差的积累，但最后结果仍只保留其应有的位数。

（5）计算平均值时，若为四个或超过四个数相平均，则平均值的有效数字位数可增加一位。

（6）在乘方或开方运算中，结果可多保留一位。

（7）在对数运算中，对数中的首数不是有效数字，对数的尾数的位数，应与各数值的有效数字相当。

（8）在算式中，常数 π、e 和某些取自手册中的常数，如阿伏伽德罗常数、普朗克常数等，不受上述规则的限制，其位数按实际需要取舍。

1.3 物理化学实验数据的表示形式

物理化学实验数据的表达主要有三种方式：列表法、作图法和数学方程式法。

1.3.1 列表法

将实验数据填写到表格中，这是数据处理的最简单的方法，使人一目了然。列表时需要注意以下几点：

（1）表格要有简明完整的表头名称，若名称不足以说明数据的意义，应在表格下方附加说明。

（2）每行（或列）的开头一栏都要列出物理量的名称和单位，并把两者表示为相除的形式。

（3）数字要排列整齐，小数点要对齐，公共的乘方因子应写在开头一栏，与物理量符号表示为相乘的形式。

（4）自变量的数值常取整数或其他方便的值，其间距最好均匀，并按递增或递减的顺序排列。

（5）表格中数据的顺序为：由左到右，由自变量到因变量，可以将原始数据和处理结果列在同一表中，但应以一组数据为例，在表格下面列出算式，写出计算过程。

1.3.2 作图法

作图法可使实验所测得各数据间的相互关系表现得更为直观，例如极大、极小、转折点、周期性、变化速率等在图上都一目了然。还可以进一步利用图解求积分、微分、外推、内差值，确定经验方程式中的常数等。作图法需要注意以下几点：

（1）在图纸选择上，通常用直角坐标纸，有时也用半对数坐标纸，在表达三组分系统相图时常用三角坐标纸。

（2）在直角坐标中，一般以横轴代表自变量，以纵轴代表因变量，在横纵轴旁必须注明变量的名称和单位（两者表示为相除的形式）。坐标轴标尺不一定从零开始，选好比例尺寸，应使所作图形均匀地分布于图面中。

（3）在坐标纸上描作图点时，要用铅笔将所描述的点准确地标在其位置上。在同一图中表示不同的曲线时，要用不同的符号描点，以示区别。

（4）绘好测量点后，按其分布情况，用曲线尺或曲线板作尽可能接近各点的曲线，曲线应平滑清晰。曲线不必通过所有的点，但应尽量使这些未能经过曲线的点均匀地分布在曲线两侧，且测量点与曲线距离应尽可能小。

（5）曲线作好后，应写上完整的图名，例如"$\ln K_p - 1/T$ 图""$V-T$ 图"等；标明比例尺以及主要的测量条件，如温度、压力等，还应写上实验者姓名及实验日期。

随着计算机的不断普及、软件功能的不断增强，应用计算机处理实验数据，不但可以减少在数据处理过程中人为因素产生的各种误差，提高实验结果的准确性，还可以极大地提高实验效率。目前，用于处理物理化学实验数据的软件主要有两种，即 Excel 办公软件和 Origin 软件，这里不再赘述。

1.3.3 数学方程式法

一组实验数据用列表法或作图法表示后，有时需用数学方程式或经验公式将实验中各变量间的相互关系表示出来，这种方法称为数学方程式法。其优点在于表达方式简单，便于求微分、积分和内差值等。此法首先要找出变量之间的函数关系，然后将其线性化，进一步求出直线方程的系数——斜率 m 和截距 b，即可写出方程式。也可将变量之间的关系直接写成多项式，通过计算机曲线拟合求出方程的系数。

求直线方程系数一般有三种方法。

1. 图解法

在直角坐标纸上，将实验中测得的数据作图得一直线，在直线两端选点 (x_1, y_1)，(x_2, y_2)，则

$$y_1 = mx_1 + b \qquad\qquad (1\text{--}12)$$

$$y_2 = mx_2 + b \qquad\qquad (1\text{--}13)$$

由此可得：

$$m = \frac{y_2 - y_1}{x_2 - x_1} \qquad\qquad (1\text{--}14)$$

$$b = y_1 - mx_1 = y_2 - mx_2 \qquad\qquad (1\text{--}15)$$

这样就可以求得斜率 m 和截距 b。

2. 平均法

若将测得的 n 组数据分别代入直线方程，则得 n 个直线方程：

$$y_1 = mx_1 + b$$
$$y_2 = mx_2 + b$$
$$\vdots$$
$$y_n = mx_n + b$$

将这些方程式分成两组，分别将各组的 x，y 值累加起来，得到两个方程

$$\sum_{i=1}^{k} y_i = m \sum_{i=1}^{k} x_i + kb \qquad\qquad (1\text{--}16)$$

$$\sum_{i=k+1}^{n} y_i = m \sum_{i=k+1}^{n} x_i + (n-k)b \qquad\qquad (1\text{--}17)$$

解此联立方程，可得 m 和 b 值。

3. 最小二乘法

这是较为精确的一种方法，它的根据是使误差平方和为最小，以得到直线方程。对于 (x_i, y_i) $(i = 1, 2, \cdots, n)$ 表示的 n 组数据，线性方程 $y = mx + b$ 中的回归数据可以通过此种方法计算得到。

$$b = \bar{y} - m\bar{x} \qquad\qquad (1\text{--}18)$$

$$\bar{x} = \frac{1}{n} \sum_{i=1}^{n} x_i, \quad \bar{y} = \frac{1}{n} \sum_{i=1}^{n} y_i \qquad\qquad (1\text{--}19)$$

$$m = \frac{S_{xy}}{S_{xx}} \qquad (1-20)$$

其中 x 的离差平方和为

$$S_{xx} = \sum_{i=1}^{n} x_i^2 - \frac{1}{n}\left(\sum_{i=1}^{n} x_i\right)^2 \qquad (1-21)$$

y 的离差平方和为

$$S_{yy} = \sum_{i=1}^{n} y_i^2 - \frac{1}{n}\left(\sum_{i=1}^{n} y_i\right)^2 \qquad (1-22)$$

x，y 的离差乘积之和为

$$S_{xy} = \sum_{i=1}^{n} x_i y_i - \frac{1}{n}\left(\sum_{i=1}^{n} x_i\right)\left(\sum_{i=1}^{n} y_i\right) \qquad (1-23)$$

得到的方程即为线性拟合或线性回归。由此得出的 y 值称为最佳值。

最小二乘法计算比较麻烦，但能得出确定的、不因处理者而异的可靠结果。

对于高职学生来说，不要求其掌握用最小二乘法处理数据的方法，仅供参考。

1.4 物理化学实验室安全知识

掌握实验室安全知识是每个化学实验工作者必须具备的素质。在化学实验室中有许多试剂和仪器，它们潜藏着诸如发生爆炸、着火、中毒、灼伤、割伤、触电等事故的危险性，只有掌握了相关的安全知识，才能防止这些事故的发生，或当发生事故时能及时处理。

1. 防毒

大多数化学药品都具有不同程度的毒性，其毒性可通过呼吸道、消化道、皮肤等进入人体。因此，防毒的关键是尽量减少或杜绝直接接触化学药品，通常应做到：

（1）实验前要了解所用药品的毒性及其防护措施。

（2）在进行有毒气体（如 H_2S、Cl_2、NO_2、HF 等）操作时，应在通风橱内进行。

（3）苯、四氯化碳、乙醚、硝基苯等的蒸气都有特殊气味，久嗅会引起嗅觉减弱，大量吸入人体会引起中毒，所以要特别注意在通风良好的情况下使用。

（4）有些药品（如苯、有机溶剂、汞等）能透过皮肤进入体内，使用时应避免与皮肤接触。

（5）用移液管移取有毒、有腐蚀性的液体时，严禁用嘴吸。

（6）高汞盐（如 $Hg(NO_3)_2$、$HgCl_2$ 等）、氰化物、可溶性钡盐（如 $BaCl_2$、$Ba(NO_3)_2$ 等）、重金属盐（如镉盐、铅盐等）、三氯化二砷等剧毒药品应妥善保管，小心使用，废弃液不能随意倒掉。

2. 防灼伤

强酸、强碱、强氧化剂、溴、冰醋酸、磷、钠、钾等都会灼伤或腐蚀皮肤，尤其要防止它们溅入眼中。使用时要有适当的防护措施，严格按规定操作。除此之外，实验室还可能有高温灼伤（如电炉、烤箱）和低温冻伤（如干冰、液氮）等，使用上述仪器或药品时同样要按照规定操作。如果发生了灼伤或腐蚀，应尽快清除药品，仔细处理伤处，情况严重时，应立即送医院诊治。

3. 防火

（1）防止电器设备或带电系统着火，用电一定要按规定操作。

（2）防止化学试剂着火。许多有机试剂（如丙酮、苯、乙醇等）都是易燃物，使用时要远离火源。实验室内不可过多存放这类药品，用后要及时回收，不可倒入下水道。还有一些物质如磷、钠、钾、电石及金属氰化物等在空气中易发生自燃，要妥善保管，小心使用。

实验室一旦发生火灾，应先切断电源，冷静判断情况后采取措施。常用来灭火的用品有水、沙子、灭火器等，可根据起火原因、场所情况等予以选用。

4. 防爆

（1）可燃性气体在空气中达到爆炸极限浓度时，只要有适当的灼热源诱发，就会引起爆炸。因此在实验中应尽量避免可燃性气体散失到室内空气中，同时要保持室内通风良好。

（2）操作大量可燃性气体时，严禁同时使用明火，还要防止发生电火花及其他撞击火花。

（3）正确使用高压钢瓶。气体钢瓶可能发生爆炸和漏气（这对于可燃性气体的钢瓶来说就更危险），钢瓶应存放在阴凉、干燥、远离热源（如阳光、暖气炉火等）的地方，要在教师的指导下使用。

5. 防水

离开实验室时，务必检查水阀门是否关好。有时因故停水而水阀没有关闭，当来水后实验室没有人，或遇排水不畅时，则会发生事故，如淋湿、浸泡仪器设备。因此，离开实验室前应检查水阀门是否关好。

6. 安全用电

在物理化学实验室中，实验者经常使用或接触各类电器设备。违章用电可能造成人身伤亡、火灾、仪器损坏等严重事故，所以要特别注意用电安全。

操作电器时，手必须干燥；电源裸露部分应有绝缘装置；所有电器设备的金属外壳都应保持接地；及时更换已损坏的接头或绝缘不良的电线；修理或安装电器时，一定要在断电状态下进行；如果遇到有人触电，首先要切断电源，然后进行抢救。

如果实验室中有易燃易爆气体，应避免产生电火花，如遇电线起火，应立即切断电源，用沙子，二氧化碳、四氯化碳灭火器灭火，禁止使用水或泡沫灭火器等导电液体灭火。

此外，实验人员还要知道实验室总闸的位置，以便发生意外时能及时切断电源。实验结束应及时关闭仪器开关，最后离开实验室时关闭照明开关和电源总闸。

第二章
实 验 部 分

实验一　燃烧热的测定

一、实验目的

（1）会用氧弹量热计测定萘的燃烧热。

（2）了解恒压燃烧热与恒容燃烧热的区别。

（3）掌握氧弹量热计的实验技术。

（4）学会用雷诺图解法校正温度变化。

二、实验原理

燃烧热的定义是：1 mol 物质完全燃烧时所放出的热量。所谓完全燃烧，即组成反应物的各元素在经过燃烧反应后，必须呈现本元素的最高化合价，如有机物质中的碳燃烧生成气态二氧化碳、氢燃烧生成液态水等。例如：苯甲酸完全燃烧的反应方程式为：

$$C_6H_5COOH(s)+\frac{15}{2}O_2(g)\longrightarrow 7CO_2(g)+3H_2O(l)$$

由热力学第一定律，恒容过程的热效应 $Q_{V,m}=\Delta_r U_m$。恒压过程的热效应 $Q_{p,m}=\Delta_r H_m$。它们之间的相互关系如下：

$$\Delta_r H_m=\Delta_r U_m+RT\sum \nu_B(g)\qquad(2-1)$$

式中，$\sum \nu_B(g)$ 为 1 mol 化学反应中，气体产物计量系数之和减去气体反应物计量系数之和的值，R 为摩尔气体常数，T 为反应的温度。式（2–1）也可表示为

$$Q_{p,m} = Q_{V,m} + RT\sum \nu_B(g) \qquad (2–2)$$

本实验通过测定萘完全燃烧时的恒容燃烧热 $Q_{V,m}$，利用式（2–2）计算出萘的恒压燃烧热 $Q_{p,m}$。

热量是一个很难测定的物理量，它的传递往往表现为温度的改变，而温度却很容易测量。如果有一种仪器，已知它每升高 1 K 所需的热量，那么就可在这种仪器中进行燃烧反应，只要观察到所升高的温度就可知燃烧放出的热量。根据这一热量便可求出物质的燃烧热。

在实验中所用的恒容氧弹量热计就是这样一种仪器。为了测得恒容燃烧热，将反应置于一个恒容的氧弹中，为了燃烧完全，在氧弹内充入 2.00 MPa 左右的纯氧。为了确定量热计每升高 1 ℃所需要的热量，也就是量热计的热容，可用通电加热法或标准物质法测定。本实验用标准物质法来测定氧弹量热计的热容。这里所选用的标准物质为苯甲酸，其恒容燃烧时放出的热量为 26 460 J·g^{-1}。实验中用苯甲酸压片的准确质量乘以它的恒容燃烧热即为所用苯甲酸完全燃烧放出的热量。苯甲酸燃烧是利用点火丝点燃的，因此点火丝燃烧时放出的热量也一并传给氧弹量热计，使之温度升高。根据能量守恒原理，物质燃烧放出的热量全部被氧弹及周围的介质（本实验中为 3 000 mL 水）所吸收，得到温度的变化为 ΔT，所以氧弹量热计的热容为：

$$-m_{苯甲酸}Q_{V,苯甲酸} - (m_{点火丝,前} - m_{点火丝,后})Q_{V,点火丝} = C_{量热计}\Delta T_{苯甲酸} \qquad (2–3)$$

即

$$C_{量热计} = \frac{-m_{苯甲酸}Q_{V,苯甲酸} - (m_{点火丝,前} - m_{点火丝,后})Q_{V,点火丝}}{\Delta T_{苯甲酸}} \qquad (2–4)$$

式中，$m_{苯甲酸}$ 为苯甲酸的质量，单位为 g；$m_{点火丝}$ 为点火丝的质量，单位为 g。需要说明的是点火丝不完全燃烧，燃烧的部分点火丝的质量应该用燃烧前点火丝的质量减去燃烧后剩余的点火丝的质量；$Q_{V,点火丝}$ 为点火丝的恒容热 –3 158.9 J·g^{-1}；$Q_{V,苯甲酸}$ 为苯甲酸的恒容热 –26 460 J·g^{-1}；$\Delta T_{苯甲酸}$ 为苯甲

酸燃烧使氧弹量热计升高的温度，单位为 K。

确定了仪器（含 3 000 mL 水）热容，即可求出待测物质的恒容燃烧热 $Q_{V,m待测}$，即：

$$-n_{待测}Q_{V,m待测} - (m_{点火丝,前} - m_{点火丝,后})Q_{V,点火丝} = C_{量热计}\Delta T_{待测} \qquad （2-5）$$

$$Q_{V,m待测} = \frac{-C_{量热计}\Delta T_{待测} - (m_{点火丝,前} - m_{点火丝,后})Q_{V,点火丝}}{\dfrac{m_{待测}}{M_{待测}}} \qquad （2-6）$$

式中，$\Delta T_{待测}$ 为待测物燃烧使氧弹量热计升高的温度，K。

然后，根据式（2-2）求得该物质的恒压燃烧热 $Q_{p,m}$，即 $\Delta_r H_m$。

三、用雷诺作图法校正 ΔT

尽管在仪器上进行了各种改进，但在实验过程中仍不可避免产生系统与环境间的热量传递。这使实验人员不能准确地从温差测定仪上读出由燃烧反应所引起的温升 ΔT。而用雷诺作图法进行温度校正，能较好地解决这一问题。

将燃烧前后所观察到的水温对时间作图，可联成 $FHIDG$ 折线，如图 2-1 和图 2-2 所示。图 2-1 中 H 相当于开始燃烧之点，D 为观察到的最高温度。在温度为 $(T_H + T_D)/2$ 处作平行于时间轴的 JI 线。它交折线 $FHIDG$ 于 I 点。过 I 点作垂直于时间轴的 ab 线，然后将 FH 线外延交 ab 线于 A 点，将 GD 线外延交 ab 线于 C 点，则 AC 两点间的距离即为 ΔT。

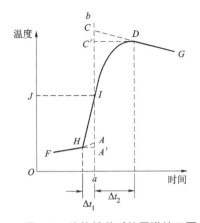

图 2-1　绝热较差时的雷诺校正图

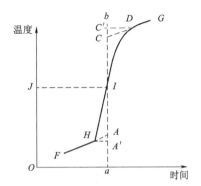

图 2-2　绝热良好时的雷诺校正图

图中 AA' 为开始燃烧到温度升至室温这一段时间 Δt_1 内，由环境辐射进来以及搅拌所引进的能量而造成量热计的温度升高，应予以扣除。CC' 为温度由室温升高到最高点 D 这一段时间 Δt_2 内，量热计向环境辐射而造成本身温度的降低，应予以补偿。因此 AC 可较客观地反映出由燃烧反应所引起的量热计的温升。在某些情况下，量热计的绝热性能良好，热漏很小，而搅拌器的功率较大，不断引进能量使得曲线不出现极高温度点，如图 2-2 所示，校正方法相似。

必须注意，应用这种作图法进行校正时，氧弹量热计的温度与外界环境的温度不宜相差太大（最好不超过 2 ℃～3 ℃），否则会引入较大的误差。

四、仪器与试剂

XRY-1A 型氧弹量热计 1 套；　　压片机 1 台；

氧气钢瓶（需大于 80 MPa 压力）；　氧气减压器 1 个；

点火丝若干；　　　　　　　　充氧导管 1 个；

扳手 1 把；　　　　　　　　　万用表 1 只；

1 000 mL 容量瓶 1 只；　　　　苯甲酸（分析纯）、萘（分析纯）。

五、实验步骤

1. 仪器介绍

图 2-3 所示是实验室所用的氧弹量热计的整体装配图，图 2-4 所示是氧弹量热计的内部结构，图 2-5 所示是氧弹的剖面图，下面分别介绍。

从图 2-4 中可见，氧弹量热计设有内、外两个筒。外筒较大，盛满与室温相同温度的水，用来保持环境温度恒定；内筒装有定量、适合实验温度的水，内筒放在支撑垫上的空气夹层中，以减少热交换。氧弹放在内筒中。为了保证样品完全燃烧，氧弹中必须充高压氧气，因此氧弹应有很好的密封性、耐高压性和耐腐蚀性。氧弹的结构如图 2-5 所示。它是一个单头氧弹，操作简单、充氧方便，实验结束排气也很方便。

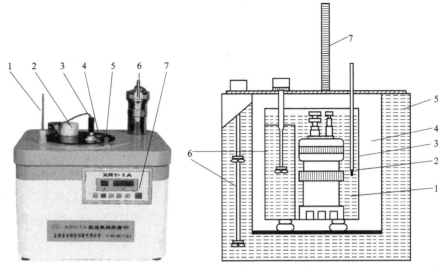

图 2-3 氧氮量热计的外部结构

1—玻璃温度计；2—搅拌电机；3—温度传感器；

4—上盖手柄；5—手动搅拌杆；6—氧弹体；

7—控制面板

图 2-4 氧氮量热计的内部结构

1—氧弹；2—温度传感器；3—内筒；

4—空气夹层；5—外筒；6—搅拌器；

7—玻璃温度计

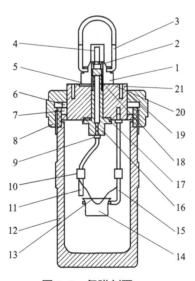

图 2-5 氧弹剖面

1—弹顶螺母；2—O 形密封圈；3—拉环；4—气阀柄；5—O 形密封圈；6—密封圈压环；7—密封阀；

8—弹筒螺母；9—六角螺母；10—导电套圈；11—导电柱；12—氧弹弹筒；13—点火丝；14—燃烧皿；

15—燃烧皿架；16—气阀；17—小绝缘垫；18—绝缘管；19—卡簧；20—大绝缘垫；21—弹筒盖

2. 用苯甲酸测定氧弹量热计的热容 $C_{量热计}$

（1）先将外筒充满水，用外筒搅拌器搅拌，使外筒水温均匀。

（2）样品压片。压片前先检查压片所使用钢模是否干净，若不干净应进行清洗并使其干燥。用台秤粗称 1 g 苯甲酸，在压片机上压成圆片，用镊子将样品在干净的称量纸上轻击 2～3 次，除去表面粉末后再用分析天平精确称量。

（3）装置氧弹：拧开氧弹盖，将氧弹内壁擦干净，特别是电极下端的不锈钢接线柱更应擦干净。把压片的苯甲酸放入燃烧皿中，用直尺量取长度约为 15 cm 的细 Ni–Cr 合金点火丝一根，并用分析天平准确称重。将其两端固定在两个电极柱上，并让其与苯甲酸有良好的接触（注意点火丝不要接触到燃烧皿，以避免造成短路）。然后，拧紧氧弹盖。将钢瓶进气管接在氧弹充气口上，打开氧气钢瓶上的阀门，氧气总压力表指示此时钢瓶内氧气的总压。慢慢打开分压力表上的阀门，使氧气分压表指示为 0.50 MPa，并用进气管缓慢地充入氧气。充氧 0.5 min，关闭氧气钢瓶阀门，取下充氧管，用放气阀放出氧弹中的气体。重新连接进气管，打开氧气钢瓶阀门，使氧气压力表指示为 1.5～2.0 MPa，再次进行充氧，时间约 3 min。（先进行预充氧是为了排除氧弹中的空气，其中存在的 N_2 燃烧后生成的 NO_2 影响燃烧热的测定。）

（4）把上述氧弹放入内筒中的氧弹座架上，接上点火导线（一根插入氧弹盖上的小孔，另一根带有螺帽的电极旋紧在气阀柄上），再向内筒中加入 3 000 mL 蒸馏水（温度已调至比外筒低 0.2 ℃～0.5 ℃），水面应至氧弹进气阀螺帽高度约 2/3 处，每次用水量应相同。

（5）连好控制箱上的所有电路，盖上胶木盖，将测温传感器插入内筒，打开电源和搅拌开关，仪器开始显示内筒水温，蜂鸣器每隔 0.5 min 报时一次。

（6）当内筒水温均匀上升后，每次报时时，记下显示的温度。当记下第 10 次温度时，同时按下"点火"键，若点火指示器上的灯亮后熄灭，温度迅速上升，表示氧弹内样品燃烧（若指示灯亮后不熄灭，或温度未出现迅速上升，则表示点火未成功，此时需关闭电源，打开氧弹，检查原因）。按下"点火"键后测量次数自动复零。以后每隔 0.5 min 测温 1 次并记录温度数据共 31 个，当测温次数达到 31 后，按"结束"键结束实验。

（7）停止搅拌，取出温度传感器，打开水筒盖（注意：先拿出传感器，再打开水筒盖），取出内筒和氧弹，用排气阀放掉氧弹内的氧气。打开氧弹，观察氧弹内部，若试样燃烧完全，则实验有效，取出未烧完的点火丝称重。

若氧弹燃烧皿内有黑色残渣或未烧尽的样品颗粒，说明燃烧不完全，则此次实验作废，需重新实验。

（8）用蒸馏水清洗氧弹内部及燃烧皿，倒出内筒的水，并把氧弹和内筒等擦拭干净。

3. 萘的燃烧热的测定

粗称 0.6 g 左右的萘，进行压片，称重。用上述方法测量萘的燃烧热。实验结束时，将温度传感器取出插入外筒中，测量外筒水浴温度，将其视为系统反应的温度。

六、数据记录与处理

（1）数据记录：

实验室温度：＿＿＿＿＿＿℃；大气压：＿＿＿＿＿＿kPa；

反应温度：＿＿＿＿＿＿℃。

实验数据记录见表 2–1、表 2–2。

表 2–1　苯甲酸、萘及点火丝的质量数据

苯甲酸的质量/g		点火丝的质量/g		剩余点火丝的质量/g	
萘的质量/g		点火丝的质量/g		剩余点火丝的质量/g	

表 2–2　苯甲酸和萘的实验数据记录表

苯甲酸燃烧				萘燃烧			
t/min	T/℃	t/min	T/℃	t/min	T/℃	t/min	T/℃

（2）数据处理：

萘燃烧的反应方程式为：

$$C_{10}H_8(s)+12O_2(g) \longrightarrow 10CO_2(g)+4H_2O(l)$$

由实验记录的时间和相应的温度读数作苯甲酸和萘的雷诺温度校正图，准确求出二者的 ΔT，利用式（2-4），如下所示：

$$C_{量热计} = \frac{-m_{苯甲酸}Q_{V,苯甲酸} - (m_{点火丝，前} - m_{点火丝，后})Q_{V,点火丝}}{\Delta T_{苯甲酸}}$$

计算氧弹量热计的热容 $C_{量热计}$，再利用式（2-6），如下所示：

$$Q_{V,m待测} = \frac{-C_{量热计}\Delta T_{待测} - (m_{点火丝，前} - m_{点火丝，后})Q_{V,点火丝}}{\dfrac{m_{待测}}{M_{待测}}}$$

计算萘的燃烧热 $Q_{V,m}$，并利用式（2-2），如下所示：

$$Q_{p,m} = Q_{V,m} + RT\sum \nu_B(g)$$

计算恒压燃烧热 $Q_{p,m}$，T 为系统反应温度（此处即为外筒中水浴的温度）。

（3）根据所用的仪器的精度，正确表示测量结果，并与文献值比较，讨论实验结果的可靠性。

（4）文献值见表 2-3。

表 2-3　苯甲酸与萘的恒压燃烧热

项目	恒压燃烧热		
	kJ·mol^{-1}	J·g^{-1}	测定条件
苯甲酸	-3 226.9	-26 410	$p^{\ominus}$，20 ℃
萘	-5 153.8	-40 205	$p^{\ominus}$，25 ℃

七、思考与讨论

（1）为什么要准确量取装在内筒中的水的体积？

（2）使用氧气钢瓶时应注意哪些事项？

（3）将实验结果与文献值萘的燃烧热数据比较，并分析产生误差的原因。

八、实验注意事项

（1）将 Ni–Cr 合金丝两端固定在两个电极柱上并与试样良好接触，不得使其与燃烧皿接触。

（2）确保氧弹充完氧后不漏气，并用万用表检查两极间是否通路。

（3）在氧弹充氧的操作过程中，人应站在侧面，以免氧弹盖或阀门向上冲出，发生危险。

实验二　液体饱和蒸气压的测定

一、实验目的和要求

（1）明确气–液两相平衡的概念和液体饱和蒸气压的定义，了解纯液体饱和蒸气压与温度之间的关系。

（2）测定乙醇在不同温度下的饱和蒸气压，并求在实验温度范围内的平均摩尔气化焓和正常沸点。

二、实验原理

在一定温度下，与液体处于平衡状态时蒸气的压力称为该温度下液体的饱和蒸气压。密闭的真空容器中的液体，在某一温度下，有动能较大的分子从液相跑到气相，也有动能较小的分子由气相跑回液相。当二者速率相等时，就达到了动态平衡，气相中的蒸气密度不再改变，因而有一定的饱和蒸气压。

液体的蒸气压是随温度的改变而改变的，当温度升高时，有更多的高动能分子由液面逸出，因而蒸气压增大；反之，温度降低时，蒸气压减小。当液体的饱和蒸气压与大气压相等时，液体就会沸腾，此时的温度即为该液体的沸点。外压不同时，液体的沸点也不同。把外压为 101.3 kPa 时的沸腾温度定义为液体的正常沸点。

液体饱和蒸气压与温度的关系可以用克劳修斯–克拉贝龙方程式表示：

$$\frac{d\ln p}{dT}=\frac{\Delta_l^g H_m}{RT^2} \tag{2-7}$$

式中，p 为液体在温度 T 时的饱和蒸气压；T 为绝对温度；$\Delta_l^g H_m$ 为液体摩尔气化焓，单位为 $J \cdot mol^{-1}$；R 为摩尔气体常数 $8.314\ J \cdot mol^{-1} \cdot K^{-1}$。

在较小的温度变化范围内，$\Delta_l^g H_m$ 可视为常数，对式（2-7）不定积分可得：

$$\ln p=-\frac{\Delta_l^g H_m}{RT}+B' \tag{2-8}$$

或

$$\lg p=-\frac{\Delta_l^g H_m}{2.303RT}+\frac{B'}{2.303} \tag{2-9}$$

另 $A=\dfrac{\Delta_l^g H_m}{2.303R}$，$B=\dfrac{B'}{2.303}$，上式可转化为

$$\lg p=-\frac{A}{T}+B \tag{2-10}$$

由式（2-10）可知，若将 $\lg p$ 对 $\dfrac{1}{T}$ 作图应得一条直线，斜率 $m=-A=-\dfrac{\Delta_l^g H_m}{2.303R}$。

由此得到：

$$\Delta_l^g H_m=-2.303Rm \tag{2-11}$$

这就可以由图解法先求得斜率 m，然后再由式（2-11）算出摩尔气化焓 $\Delta_l^g H_m$。

测定液体饱和蒸气压的方法很多：

（1）静态法。在一定温度下，直接测量饱和蒸气压。此法适用于具有较大蒸气压的液体。

（2）动态法。这是测量沸点随外压力变化的一种方法。液体上方的总压力可调，而且用一个缓冲储气罐维持给定值，用压力计测量压力值，加热液体，待沸腾时测量其温度。

（3）饱和气流法。在一定温度和压力下，用干燥气体缓慢地通过被测纯液体，使气流为该液体的蒸气所饱和。用吸收法测量蒸气量，进而计算出蒸

气分压，此即该温度下被测纯液体的饱和蒸气压。该法适用于蒸气压较小的液体。

本实验采用静态法测定乙醇在不同温度下的饱和蒸气压。所用仪器是液体饱和蒸气压实验装置，如图 2-6 所示。其中 U 形等压计是由三个相连的玻璃管 A、B、C 组成的（见图 2-7）。A 管中储存液体，B 管和 C 管中液体在底部连通。当 A、C 管的上方只有纯待测液的蒸气，并且使液体在某一恒定温度下时，调节进气阀压力，使 B、C 管中的液面处于同一水平面，此时该温度下液体的饱和蒸气压就等于 B 管上方的压力（即外压）。通过压力计读数，计算液体的饱和蒸气压，$p_{饱和} = p_{大气} - p_{表}$。

三、仪器与试剂

饱和蒸气压实验装置 1 套；　　　缓冲储气罐 1 个；

精密数字压力计 1 台；　　　　　恒温水浴缸 1 台；

真空泵 1 台；　　　　　　　　　乙醇（分析纯）。

四、实验步骤

（1）安装。按图 2-6 安装仪器，包括恒温水浴、等压计（图 2-7）、数字压力计、真空泵和附件。

（2）加试液。将乙醇从加样口加入，使无水乙醇充满 A 管的 2/3 体积，并在等压计 B、C 管内装入一定体积的乙醇，加入量参见图 2-7。

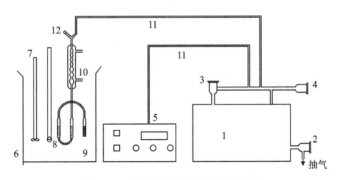

图 2-6　液体饱和蒸气压测定装置

1—缓冲储气罐；2—抽气阀；3—平衡阀；4—进气阀；5—DP-A 数字压力表；6—玻璃恒温水浴；

7—温度计；8—U 形等压计；9—试样管；10—冷凝管；11—真空橡皮管；12—加样口

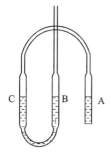

图 2-7　U 形等压计

（3）调试。打开数字压力计电源开关，按"单位显示"键使其显示单位为"kPa"。关闭平衡阀，打开进气阀，待压差计显示数字稳定后，按"采零"键，使数字显示为 0.00 kPa。

（4）检漏。接通冷凝水，关闭进气阀，开启真空泵电源，打开平衡阀和抽气阀，B 管中开始有气泡逸出，抽真空 2～3 min 至压力计压力为 -50 kPa 左右，然后迅速关紧抽气阀（必要时可直接关闭平衡阀），若压力计上的数字基本不变，表明系统不漏气，可进行下步实验。否则应逐段检查，消除漏气因素。

（5）抽气。若符合要求，再次打开抽气阀（在整个实验过程中抽气阀可以始终处于打开状态，无需关闭）和平衡阀，通过平衡阀控制抽气速度，使 A、C 间的气体呈气泡状一个一个地通过封闭液，经 B 管逸出（切忌抽气太快，封闭液将急剧蒸发而使实验无法进行），抽真空至 -80 kPa 以上。当 B 管中的液面逐渐高于 C 管中的液面时，空气被排除干净后，迅速停止系统抽气，然后关闭平衡阀。

（6）测量。打开恒温水浴的加热开关，将水温调至 25 ℃。若 B、C 管中的试液没有沸腾，打开平衡阀继续抽气，让 B、C 管中的试液缓慢沸腾 3～4 min 后，进行测量。关闭平衡阀，缓慢打开进气阀，使少许空气进入系统。待等压计 B、C 两管中的液面相平时，迅速关闭进气阀，同时读出压力和温度（若连续两次测得的压差值在误差范围内，则可认为 A、B 管之间的空气已被驱尽）。计算出所测温度下的饱和蒸气压（$p_{饱和} = p_{大气} - p_{表}$），在该温度下重复操作 3 次，每次测量结果相差小于 0.27 kPa，三次取平均值。若在实验过程中进气阀调节不当，进气速度过快，会使空气倒灌入 A 管内，需重新抽真空，排出空气后方能测定。

将恒温槽每次升温 2 ℃～3 ℃，重复上述操作，测定乙醇在不同温度下的饱和蒸气压，共测定 8～10 组数据。升温过程中会有气泡通过 U 形管逸出，需要通过调节进气阀加以控制，以免发生爆沸。

（7）实验结束后，先关闭抽气阀，再关闭真空泵。缓慢打开进气阀和平衡阀，放入空气，最后打开抽气阀，使系统通大气，直至压力计显示为零。

关闭冷凝水，切断所有电源。

五、数据记录与处理

1. 数据记录

实验室温度_____℃；大气压_____kPa。

实验数据记录见表2–4。

表2–4　乙醇饱和蒸气压测定实验数据记录表

编号	温　度			压力计/kPa				乙醇的饱和蒸气压	
	$t/℃$	T/K	$\frac{1}{T}/K^{-1}$	（1）	（2）	（3）	平均	p/kPa	$\lg p$
1									
2									
3									
4									
5									
6									
7									
8									

2. 数据处理

（1）作 $\lg p - \dfrac{1}{T}$ 图，求斜率 m。根据式（2–9） $\lg p = -\dfrac{\Delta_l^g H_m}{2.303RT} + \dfrac{B'}{2.303}$ 和式（2–11） $\Delta_l^g H_m = -2.303Rm$ ，由图中求出乙醇在实验温度范围内的平均摩尔气化焓 $\Delta_l^g H_m$ 。

（2）利用外推法由图中求出乙醇的正常沸点。

六、思考与讨论

（1）在实验过程中为什么要防止空气倒灌？如果等压计与试样管间有空气，这对测定沸点有何影响？其结果如何？怎样判断空气已被赶净？

（2）能否在加热的情况下检查是否漏气？

（3）怎样根据压力计的读数确定系统压力？

七、实验注意事项

（1）实验系统必须密闭，一定要仔细检漏。

（2）实验开始时先打开真空泵，再打开缓冲罐抽气阀，实验结束时，先关闭抽气阀，再关闭真空泵，以免真空泵中的循环水回流到缓冲罐中。

（3）必须让 U 形等压计中的试液缓慢沸腾 3～4 min 后方可进行测定。

（4）升温时可预先漏入少许空气，以防止 U 形等压计中的液体暴沸。

（5）液体的蒸气压与温度有关，所以在测定过程中须严格控制温度。

（6）漏入空气必须缓慢，否则 U 形等压计中的液体将冲入储液管 A 中。

（7）必须充分抽净等压计与储液管间的空气。U 形等压计必须放置于恒温水浴中的液面以下，以保证试液温度的准确度。

实验三　完全互溶双液系气-液平衡相图的绘制

一、实验目的和要求

（1）测定大气压下乙醇-正丙醇双液系气-液平衡时的折光率数据。

（2）绘制乙醇-正丙醇双液系的沸点-组成图。

（3）掌握阿贝折光仪的测量原理和方法。

二、实验原理

完全互溶双液系在恒定压力下的沸点-组成图可以分为以下三类：第一类混合物的沸点介于两纯组分沸点之间，如图 2-8（a）所示；第二类混合物存在最低恒沸点，如图 2-8（b）所示；第三类混合物存在最高恒沸点，如图 2-8（c）所示。

1. 气-液平衡

两种液态物质混合而成的二组分系统称为双液系。两个组分若能按任意

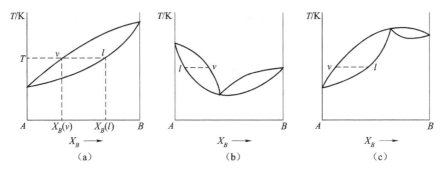

图 2-8 恒定压力下的沸点-组成图

比例互相溶解，称为完全互溶双液系。一个完全互溶双液系统的沸点-组成图，可以表明该液体混合物气液两相平衡时沸点和两相组成间的关系，这对了解系统的行为和分馏过程都有着重要的作用。

组成一定的 A、B 两液体的混合物，在恒定的压力下沸点为确定值，液体混合物的沸点随着组成的不同而改变，因在同样的温度下，各组分的挥发能力不同，即具有不同的饱和蒸气压，故平衡共存的气、液两相的组成通常是不相同的。

测定混合物组成的方法分为物理法和化学法。物理法是通过测定与系统组成有一定关系的某一物理量（如电导、折光率、旋光度、吸收光谱、体积、压力等）进而求出系统组成的方法。本实验采用测定折光率的方法来确定组成。采用此法是因为液体乙醇、正丙醇的折光率较大，并且它们的液体混合物的折光率与其组成有较好的线性关系。

2. 沸点仪

各种沸点仪的具体构造虽各有特点，但其设计思想都集中于如何正确测定沸点、便于取样分析、防止过热及避免分馏等方面。本实验所用的沸点仪如图 2-9 所示。这是一只带回流冷凝管的长颈圆底烧瓶。圆底烧瓶与回流冷凝管相连接的支管处有一半球形小槽，用于收集冷凝下来的气相样品，还能防止暴沸。

3. 用阿贝折光仪测定气-液组成的折光率

在一定温度下，预先测定一系列已知组成的乙醇-正丙醇混合液体的折光率，绘制出折光率-组成标准曲线（或得到折光率-组成对照表），然后根据所测定馏出液和馏留液的折光率，确定平衡时气、液两相的组成，最后绘制沸点–组成图。

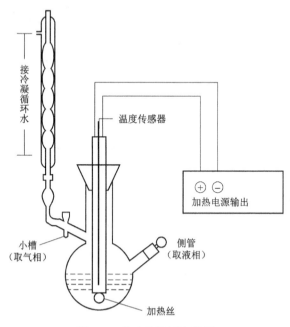

接冷凝循环水

温度传感器

加热电源输出

小槽
（取气相）

侧管
（取液相）

加热丝

图 2-9　沸点仪及测定装置

三、仪器与试剂

FDY 双液系沸点测定仪 1 套；　　阿贝折光仪（棱镜恒温）1 台；

25 mL 量杯 1 只；　　　　　　　超级恒温水浴 1 台；

长短取样管各 1 支；　　　　　　烧杯（50 mL、100 mL）各 1 只；

试剂瓶 8 只；　　　　　　　　　乙醇（分析纯）；

正丙醇（分析纯）。

四、实验步骤

（1）开启供阿贝折光仪使用的超级恒温水浴，调节水温至 25 ℃。

（2）如图 2-9 所示，将清洁、干燥的沸点仪安装好。检查带有温度传感器的胶塞是否塞紧，电热丝要靠近烧瓶底部的中心。温度传感器顶端的位置应处在支管之下，但至少要高于电热丝 2 cm。

（3）从蒸馏瓶支管口倒入适量的纯乙醇液体，液面约在支管口下 1 cm 左右，安放电热丝及温度传感器（注意两者不要接触，使两者浸入液体中）。接好冷凝管，通入冷水。接通电源，缓慢旋转调压器旋钮，控制电压不大于 15 V。开始时电压可稍高些，使液体加热至沸腾之后再调电压至合适的大小，使之保持液体微沸，并使冷凝液回流速度不要太快，1～2 s 内 1 滴为宜。因为最初收集到小凹槽内的冷凝液常不能代表平衡时气相的组成，因此需将最初冷凝液倾回烧瓶，反复 2～3 次。待液体沸腾温度恒定 5 min 后，记下沸点测定仪温度读数，即为纯乙醇的沸点。将变压器调到零，关闭电源，随即用盛有冷水的烧杯套在烧瓶的底部，冷却瓶内的液体。温度适当降低后用长滴管吸取气相样冷凝液，用阿贝折光仪迅速测定其折光率。然后用另一支滴管吸取液相样品，测定其折光率。待蒸馏瓶中的液体稍冷后倒回原样品瓶中。

（4）待蒸馏瓶及冷凝管中的乙醇挥发干后，依次用上述方法测定含正丙醇质量分数分别为 15%、30%、45%、60%、75%、90% 的乙醇-正丙醇混合液和纯正丙醇的沸点及沸点下气-液平衡时两相样品的折光率。应注意保持各个试样的回流速度大致相同。

五、数据记录与处理

1. 数据记录

实验室温度_____℃；大气压_____kPa；超级恒温水浴温度_____℃。

实验数据记录见表 2-5。

表 2-5　乙醇-正丙醇溶液的沸点和气、液相实验数据记录表

样品编号	沸点 $t/℃$	气相冷凝液		液相	
		折光率 n_D'	组成 $\omega_{正丙醇}$	折光率 n_D'	组成 $\omega_{正丙醇}$
纯乙醇					
15%丙醇					
30%丙醇					
45%丙醇					

续表

样品编号	沸点 $t/℃$	气相冷凝液		液相	
		折光率 n_D^t	组成 $\omega_{正丙醇}$	折光率 n_D^t	组成 $\omega_{正丙醇}$
60%丙醇					
75%丙醇					
90%丙醇					
正丙醇					

2. 数据处理

从工作曲线上查得相应的组成,填入表 2-5 中,获得沸点与组成的关系,并绘制乙醇-正丙醇的沸点-组成图。

六、思考与讨论

(1) 如何安排测定乙醇、正丙醇各混合物沸点的顺序?

(2) 测定混合物两相组成时,先取气相样,还是先取液相样?为什么?

七、实验注意事项

(1) 加热丝一定要浸没在待测液体中,否则通电加热时可能会引起有机液体燃烧。

(2) 加热功率不能太大,加热丝上有小气泡逸出即可。

(3) 一定要使系统达到平衡,即温度读数稳定后再取样。

(4) 实验过程中必须保持冷凝效果良好。

(5) 温度传感器的位置要合适,不要碰到加热丝,使测得的温度恰好是气、液平衡温度。

(6) 测定折光率时动作要迅速、准确。

实验四　二组分固–液相图的绘制

一、实验目的和要求

（1）掌握用步冷曲线法测绘二组分金属固–液相图的原理和方法。

（2）了解采用热电偶进行测温、控温的原理和装置。

二、实验原理

二组分固–液相图是描述系统温度与二组分组成之间关系的图形。由于固–液相变化系统属凝聚系统，一般视为不受压力影响，因此在绘制相图时不考虑压力因素。

测绘金属相图常用的实验方法是热分析法，它是将某种组成的样品加热至全部熔融，再匀速冷却，测定冷却过程中样品的温度与时间关系，并绘成曲线，即步冷曲线，如图 2–10（a）所示。当熔融系统在均匀冷却过程中无相变化时，其温度将连续均匀下降，得到一光滑的冷却曲线；当系统内发生相变化时，则因系统产生的相变热与自然冷却时系统放出的热量相抵偿，冷却曲线就会出现转折或水平线段，转折点所对应的温度即为该组成合金的相变温度。利用冷却曲线所得到的一系列组成和所对应的相变化数据，以横轴表示混合物的组成，在纵轴上标出开始出现相变的温度，把这些点连接起

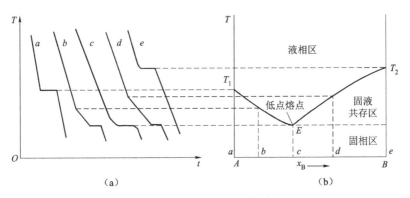

图 2–10　步冷曲线与相图

（a）步冷曲线；（b）相图

来，就可绘出相图，如图 2-10（b）所示。

用热分析法测绘相图时，根据步冷曲线，被测系统必须时时处于或接近相平衡状态，因此必须保证冷却速度足够慢才能得到较好的效果。此外，某些系统在析出固体时，会出现"过冷"现象，即温度到达凝固点时不发生结晶，当温度到达凝固点以下几度时才出现结晶，出现结晶后，系统的温度又回到凝固点。在绘制步冷曲线时，会出现一个下凹。在确定凝固点温度时，应以折线或平台作趋势线，获得较为合理的凝固点，如图 2-11 所示。

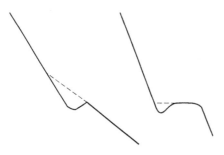

图 2-11　有"过冷"现象时的步冷曲线

三、仪器与试剂

KWL-09 可控升降温电炉 1 台；　　不锈钢样品管 6 支；

SWKY-1 数字控温仪 1 台；　　　　托盘天平 1 台；

Pb 粒（分析纯）；　　　　　　　　石墨粉；

Sn 粒（分析纯）。

四、实验步骤

1. 配制样品

分别配制含铅量质量分数分别为 100%、80%、60%、38.1%、20%、0% 的 Pb-Sn 混合物 60 g，装入 6 个样品管中。样品上覆盖一层石墨粉以防止加热时金属氧化。

2. 仪器的安装

将炉体、控温仪连接好，将炉体上的控温开关拨到"外控"。打开冷却风扇开关，调节风扇电源至电压表显示为 5 V 左右，注意风扇转动是否正常，调节完毕关闭风扇电源开关。

3. 测量样品的步冷曲线

将样品管放入炉体，将测温探头插入样品管与炉体之间的夹套中。

打开炉体电源和控温仪电源，设置升温的值为某一温度，按"工作/置数"按钮，控温仪上的"工作"灯亮，炉体开始升温。从炉体加热电源指示表上可以看到通电情况。由于采用了外控控温方式，炉体上的加热调节开关不起作用。

当温度升到最高温度，仪器自动停止加热时，保持 5 min 使样品熔化完全。把测温探头插入样品管中，以测定样品冷却时的实际温度。按"工作/置数"按钮，控温仪上的"置数"灯亮，使控温器停止控温。打开风扇电源，使风扇慢速旋转，炉体以较恒定的速度散热。按下"计时"按钮开始记时，可设置 60 s 报时一次，记下每次报时蜂鸣器鸣响时的温度值。当温度降到 160 ℃ 以下时，停止记录。取出样品管，放在炉体外冷却至室温。

按照同样的步骤，测定并绘制不同组成金属混合物的温度–时间曲线。不同质量分数样品的升温值可参照表 2–6。

表 2–6　样品质量分数和加热温度

序号	1	2	3	4	5	6
Pb	100%	80%	60%	38.1%	20%	0%
Sn	0%	20%	40%	61.9%	80%	100%
加热温度 t/℃	400	350	300	250	280	330

五、数据记录与处理

1. 数据记录

实验室温度＿＿＿＿＿＿＿＿℃；大气压＿＿＿＿＿＿＿＿kPa。

实验数据记录见表 2–7。

表 2–7　实验数据记录表（T 为温度，t 为时间）

Pb 的含量（质量分数）											
100%		80%		60%		38.1%		20%		0%	
T	t	T	t	T	t	T	t	T	t	T	t

2. 数据处理

（1）作步冷曲线：根据表 2-7 作 $T-t$ 曲线，找出拐点。

（2）绘制相图：以质量分数为横坐标，以温度为纵坐标，绘出 Pb-Sn 二组分固—液平衡相图。标出相图中各区的相态，根据相图求出低共熔点温度及低共熔混合物的组成，并计算测量值的相对误差。

六、思考与讨论

（1）试用相律分析各步冷曲线上出现平台的原因。

（2）步冷曲线上各段的斜率及水平段的长短与哪些因素有关？

（3）开始记录步冷曲线数据后，是否能再改变冷却风扇的电压？

（4）是否能用加热熔融的方法获得相变温度并制作相图？

七、实验注意事项

（1）金属相图实验炉的炉体温度较高，在实验过程中不要接触炉体，以防烫伤。开启加热炉后，操作人员不要离开，以防止出现意外事故。

（2）实验炉加热时，温升有一定的惯性，炉膛温度可能会超过 380 ℃，但如果发现炉体温度超过 420 ℃还在上升，应立即按"工作/置数"按钮，使控温仪上的"置数"灯亮，将测温探头插入样品管中，开启冷却风扇，转入测量步冷曲线的实验过程。

（3）处于高温下的样品管和测温探头取出后应放在瓷砖或其他金属支架上，防止烫坏实验台。

（4）操作人员离开时，必须将电炉和控温仪断电。

实验五　用凝固点降低法测定摩尔质量

一、实验目的和要求

（1）掌握用凝固点降低法测定物质的摩尔质量的原理和方法。

（2）通过实验进一步理解稀溶液理论。

二、实验原理

含非挥发性溶质的二组分稀溶液（当溶剂与溶质不形成固熔体时）的凝固点低于纯溶剂的凝固点，这是稀溶液的依数性之一。当指定了溶剂的种类和数量后，凝固点降低值取决于所含溶质分子的数目，即溶剂的凝固点降低值与溶液的浓度成正比，即

$$\Delta T = T_f^* - T_f = k_f m_B \qquad (2\text{--}12)$$

这就是稀溶液的凝固点降低公式。式中，T_f^* 为溶剂的凝固点；T_f 为溶液的凝固点；k_f 为溶剂的凝固点降低常数；m_B 为溶质的质量摩尔浓度。m_B 可表示为：

$$m_B = \frac{W_B / M_B}{W_A} \qquad (2\text{--}13)$$

故式（2--12）可改成：

$$M_B = k_f \frac{W_B}{\Delta T \cdot W_A} \qquad (2\text{--}14)$$

式中，M_B 为溶质的摩尔质量，单位为 $kg \cdot mol^{-1}$；W_B 和 W_A 分别表示溶质和溶剂的质量，单位为 kg。

若已知某种溶剂的凝固点降低常数 k_f，并测得该溶液的凝固点降低值 ΔT、溶剂和溶质的质量 W_A、W_B，利用式（2--14）即可求出溶质的质量 M_B。

凝固点降低常数 k_f 与溶剂的性质有关。环己烷的凝固点降低常数 k_f 为 $20.10\ K \cdot kg \cdot mol^{-1}$。凝固点降低值的多少，直接反映了溶液中溶质有效质点的数目。由于溶质在溶液中有解离、缔合、溶剂化和络合物生成等情况，这些均影响溶质在溶剂中的表观分子量。因此凝固点降低法可用来研究溶液的一些性质，例如电解质的电离度、溶质的缔合度、活度和活度系数等。

通常测凝固点的方法是将已知浓度的溶液逐渐冷却成过冷溶液，然后促使溶液结晶；当晶体生成时，放出的凝固热使系统温度回升，当放热与散热达到平衡时，温度不再改变，此为固、液两相达成平衡的温度，即溶液的凝固点。本实验要测定纯溶剂和溶液的凝固点之差。对于纯溶剂来说，只要固、液两相平衡共存，同时系统的温度均匀，理论上各次测定的凝固点应该一致。

但实际上凝固点会有起伏，因为系统温度可能不均匀，尤其是过冷程度不同，析出晶体多少不一致时，回升温度不易相同。对溶液来说，除温度外，尚有溶液的浓度问题。与凝固点相应的溶液浓度，应该是平衡浓度。但因析出溶剂晶体数量无法精确得到，故平衡浓度难以直接测定。由于溶剂较多，若控制过冷程度，使析出的晶体很少，以起始浓度代替平衡浓度，一般不会产生太大误差。所以要使实验做得准确，读凝固点温度时，一定要有固相析出达固、液平衡，但析出量越少越好。因为根据相图，二组分溶液冷却时某一组分析出后，溶液成分沿溶液相线改变，凝固点不断降低。由于过冷现象存在，晶体一旦大量析出，其放出的凝固热会使温度回升，但回升的最高温度不是原浓度溶液的凝固点。严格而论，应测出步冷曲线，并按图 2-12（a）所示方法校正。对纯溶剂冷却情况，可参看图 2-12（b）。

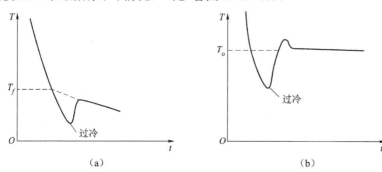

图 2-12　溶液和溶剂的冷却曲线

三、仪器与试剂

SWC-LG$_A$ 凝固点实验装置 1 台；　　　压片机 1 台；

普通温度计 1 支；　　　　　　　　25 mL 移液管 1 支；

电子天平 1 台；　　　　　　　　　100 mL 浇杯一只；

环己烷（分析纯）；　　　　　　　萘（分析纯）；

冰、食盐。

四、实验步骤

（1）安装实验装置。

如图 2-13 所示，将传感器插头插入后面板上的传感器接口（槽口对准）。

将 220 V 电源接入后面板上的电源接座。打开电源开关，此时温度显示窗口显示初始状态（实时温度），温差显示窗口显示以 20 ℃ 为基温的温差值。

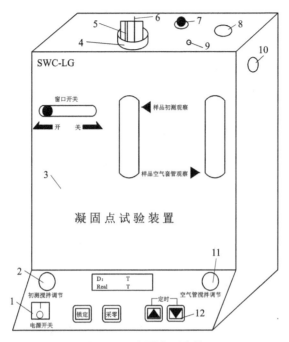

图 2–13　凝固点测定仪

1—电源开关；2—"初测搅拌调节"旋钮；3—冰浴槽；4—凝固点测定管端口；5—传感器插孔；

6—手动搅拌；7—冰浴槽手动搅拌器；8—空气套管端口；9—传感器插孔（冰浴槽）；

10—溢水口；11—"空气管搅拌调节"旋钮；12—定时调节钮

打开窗口开关，将传感器放入冰槽传感器插孔中，并在冰浴槽中放入碎冰、自来水和食盐，将冰浴槽温度调至低于蒸馏水凝固点温度 2 ℃～3 ℃，将空气套管放入右端口。同时按下"锁定"键，锁定基温选择量程。

（2）环己烷凝固点的测定。

用移液管移取 25 mL 环己烷加入凝固点测定管中。注意不要使环己烷溅在管壁上。先粗测环己烷的凝固点，将凝固点测定管插入冰浴槽左边端口中，调节冰浴搅拌调节旋钮至适当的位置。观察温差仪的显示值，直至温差显示值稳定不变，此即为纯溶剂环己烷的初测凝固点。

取出凝固点测定管，用掌心握住加热，待凝固点测定管内晶体完全熔化后，将凝固点测定管插入冰浴槽左边端口中，缓慢搅拌，当环己烷温度降至高于初测凝固点温度 0.7 ℃时，迅速将凝固点测定管取出，擦干，插入空气套管中，即时记下温差值。调节空气套管搅拌调节旋钮，先缓慢搅拌，使温度均匀下降，间隔 15 s 记下温差示值。当温度低于初测凝固点时，应急速搅拌，使固体析出，温度开始上升，继续缓慢搅拌，直至温差回升到不再变化，持续 60 s，此时显示值即为环己烷的凝固点。使结晶熔化，重复操作两次，直到取得偏差不超过±0.005 ℃的测定值。

（3）溶液凝固点的测定。

用电子天平称量压成片状的萘 0.10～0.12 g，小心地将其加入凝固点管中，搅拌使之全部熔化。同上法，先测定溶液的近似凝固点，再准确测量精确凝固点，注意最高点出现的时间很短，需仔细观察。在测定过程中应防止过冷，过冷程度不超过 0.5 ℃，重复操作两次，偏差不得超过±0.005 ℃。

（4）实验结束，将含有环己烷的溶液倒入回收瓶中。

五、数据记录与处理

实验室温度_____℃；大气压_____kPa。

（1）用式 $\rho_t = 0.797\,1 - 0.887\,9\times10^{-3}t$，计算所用环己烷的质量。式中，$\rho_t$ 为温度为 t 时环己烷的密度，单位为 g·mL^{-1}；t 为实验室温度，单位为℃。

（2）将所得数据列于表 2–8 中，并利用式（2–14）$M_B = k_f \dfrac{W_B}{\Delta T \cdot W_A}$，计算萘在环己烷中的分子量，判断萘在环己烷中的存在形式（萘的摩尔质量的理论值为 128.17×10^{-3} kg·mol^{-1}）。

表 2–8　环己烷和萘的凝固点测定数据记录与处理表

物质	凝固点		凝固点降低值 ΔT /℃	溶质摩尔质量 M_B / (kg·mol^{-1})
	测量值	平均值		
环己烷	（1）			
	（2）			
	（3）			
萘	（1）			
	（2）			
	（3）			

六、思考与讨论

（1）用凝固点降低法测摩尔质量的公式在什么条件下才能适用？

（2）当溶质在溶液中有解离、缔合和生成络合物的情况时，对摩尔质量测定值的影响如何？

（3）影响凝固点精确测量的因素有哪些？

七、实验注意事项

（1）为防止过冷超过 0.5 ℃，当温度低于粗测凝固点温度时，必须及时调整调速旋钮，加快搅拌速度，以控制过冷程度。

（2）冰浴槽温度应不低于溶液凝固点 3 ℃为佳，一般控制其低于 2 ℃～3 ℃。过高会导致冷却太慢，过低则测不出正确的凝固点。

（3）实验的环境和溶剂、溶质的纯度都直接影响实验的效果。

实验六　分配系数的测定

一、实验目的和要求

（1）测定苯甲酸在苯–水系统中的分配系数。

（2）确定苯甲酸分子在苯相和水相中的存在形式。

二、实验原理

实验证明，如果某种物质能溶于两种不互溶的液体 α 和 β 中，则在一定温度和压力下，将少量该物质加入 α 和 β 的混合系统中，当达到溶解平衡时，该物质在两溶剂中的浓度之比为一常数，而与所加物质的量无关，这就是分配定律。如果此物质在 α 和 β 两种溶剂中都不发生缔合和解离现象，即在两种溶剂中的分子形态相同，则分配定律的数学表达式为：

$$\frac{c_\alpha}{c_\beta} = K \qquad (2-15)$$

式中，c_α 和 c_β 分别表示平衡时溶质在 α 溶剂和 β 溶剂中的浓度，K 称为分配系数，其值与温度有关。

如果溶质在两种溶剂中的分子状态不同，例如，在 α 溶剂中以单分子形式存在，而在 β 溶剂中以 n 个分子缔合的形式存在，则分配定律的数学表达式为：

$$\frac{c_\alpha}{\sqrt[n]{c_\beta}} = K' \qquad (2-16)$$

或

$$\frac{c_\alpha^n}{c_\beta} = K \qquad (2-17)$$

式中，n 为溶质在 β 溶剂中的缔合度，c_β 是缔合分子在 β 溶剂中的浓度。若将式（2-17）取对数，则有

$$\ln c_\beta = n \ln c_\alpha - \ln K \qquad (2-18)$$

以 $\ln c_\beta$ 对 $\ln c_\alpha$ 作图，得一直线，直线的斜率即为缔合度 n。

三、仪器与试剂

150 mL 磨口锥形瓶 4 只；　　　　25 mL 碱式滴定管 1 支；

200 mL 锥形瓶 12 只；　　　　　150 mL 分液漏斗 4 只；

移液管（2 mL、5 mL、25 mL、50 mL）各 1 支；

苯甲酸（分析纯）；　　　　　　苯（分析纯）；

NaOH（分析纯）；　　　　　　酚酞指示剂；

蒸馏水（经煮沸除去 CO_2）。

四、实验步骤

（1）新配制约 0.05 mol·L^{-1} 的 NaOH 溶液，并准确标定其浓度。

（2）在已干燥并编号的 4 只分液漏斗中，用移液管各加入 50 mL 蒸馏水，再分别加入 1.0 g、1.3 g、1.7 g、2.0 g 苯甲酸，再用移液管各加入 25 mL 苯，塞好塞子，轮流摇动，使其充分混合。如此摇动 0.5 h 后，静置数分钟，待液体清晰分层后，将下面的水层放入干燥的 150 mL 磨口锥形瓶中，苯层仍留在分液漏斗中，盖紧塞子，防止苯挥发。

（3）测定苯层中苯甲酸的浓度。用移液管从苯层液体中吸取 2 mL 溶液于锥形瓶中，加入 25 mL 蒸馏水，在通风橱内加热至沸腾，冷却后，以酚酞为指示剂，用已标定好的 NaOH 溶液滴定至溶液刚刚出现粉红色，并在摇动下保持 0.5 min 不褪色为止。记下消耗的 NaOH 溶液的体积 $V_{(NaOH)}$。进行反复测定，取其平均值，求出苯层中苯甲酸的浓度 $c_{苯甲酸/苯}$。

（4）测定水层中苯甲酸的浓度。用移液管从水层中吸取 5 mL 溶液于锥形瓶中，加入 25 mL 蒸馏水，以酚酞作指示剂，按上述方法用 NaOH 溶液滴定之。进行反复测定，取其平均值，求出水层中苯甲酸的浓度 $c_{苯甲酸/水}$。

对四个分液漏斗中的苯层和水层分别按步骤（3）和（4）进行测定，逐一求出所含苯甲酸的浓度。

五、数据记录与处理

（1）实验数据记录与处理表见表 2-9。

实验室温度＿＿＿＿＿℃；大气压＿＿＿＿＿＿＿kPa。

表 2-9　实验数据记录与处理表

数据		苯 层			水 层		
		$V_{(NaOH)}$ /L	$c_{苯甲酸/苯}$ /(mol·L^{-1})	$c_{苯甲酸/苯}$ /(mol·L^{-1})	$V_{(NaOH)}$ /L	$c_{苯甲酸/水}$ /(mol·L^{-1})	$c_{苯甲酸/水}$ /(mol·L^{-1})
1	（1）						
	（2）						
	（3）						
2	（1）						
	（2）						
	（3）						
3	（1）						
	（2）						
	（3）						
4	（1）						
	（2）						
	（3）						

苯甲酸的浓度是：

$$c = \frac{n_{苯甲酸}}{V_{溶液}}$$

（2）分别计算 $\dfrac{c_{苯甲酸/水}}{c_{苯甲酸/苯}}$，$\dfrac{c^2_{苯甲酸/水}}{c_{苯甲酸/苯}}$，$\dfrac{c_{苯甲酸/水}}{c^2_{苯甲酸/苯}}$，列入表 2–10 中，并分析苯甲酸分子在苯相和水相中的存在形式，确定分配系数。

（3）根据式（2–18）$\ln c_\beta = n\ln c_\alpha - \ln K$，以 $\ln c_{苯甲酸/苯}$ 对 $\ln c_{苯甲酸/水}$ 作图，得一直线，直线的斜率即为缔合度 n。

表 2–10 分配系数情况分析表

编号	$\dfrac{c_{苯甲酸/水}}{c_{苯甲酸/苯}}$	$\dfrac{c^2_{苯甲酸/水}}{c_{苯甲酸/苯}}$	$\dfrac{c_{苯甲酸/水}}{c^2_{苯甲酸/苯}}$
1			
2			
3			
4			

六、思考与讨论

（1）在本实验中摇动分液漏斗时，应注意什么？

（2）测定苯层中的苯甲酸浓度为什么要加水？为何加水后又加热至沸腾？

（3）在用碱式滴定管滴定 NaOH 标准溶液时，应注意什么？滴定的准确与否对分配系数的计算有什么影响？

七、实验注意事项

苯有毒，常温下遇热、明火易燃烧、爆炸，苯蒸气与空气混合物的爆炸限是 1.4%～8.0%。因此，实验操作过程在通风橱中进行，并远离热源和明火。

实验七　用旋光法测定蔗糖水解反应的速率常数

一、实验目的和要求

（1）测定蔗糖水解反应的速率常数和半衰期。

（2）了解反应物浓度与旋光度之间的关系。

（3）了解旋光仪的基本原理，掌握旋光仪的正确使用方法。

二、实验原理

蔗糖在水中转化成葡萄糖与果糖，其反应为

$$C_{12}H_{22}O_{11} + H_2O \longrightarrow C_6H_{12}O_6 + C_6H_{12}O_6$$

蔗糖　　　　　　　葡萄糖　　　果糖

这是一个二级反应，在纯水中此反应的速率极慢，通常需要在 H^+ 离子的催化作用下进行。由于反应时水是大量存在的，尽管有部分水分子参加了反应，但仍可近似地认为整个反应过程中水的浓度是恒定的，而且 H^+ 是催化剂，其浓度也保持不变，因此蔗糖水解反应可看作一级反应。

一级反应的速率方程可由下式表示

$$-\frac{dc}{dt} = kc \tag{2-19}$$

式中，c 为 t 时间时的反应物浓度，k 为反应速率常数，c_0 为反应开始时的反应物浓度。

对式（2-19）积分可得：

$$\ln c = -kt + \ln c_0 \tag{2-20}$$

当 $c = 0.5c_0$ 时，反应时间可用 $t_{1/2}$ 表示，即为反应半衰期：

$$t_{1/2} = \frac{\ln 2}{k} = \frac{0.693}{k} \tag{2-21}$$

从式（2-20）中可以看出，在不同时间测定反应物的相应浓度，并以 $\ln c$ 对 t 作图，可得一直线，由直线斜率即可得反应速率常数 k。然而反应是在不断进行的，要快速分析出反应物的浓度是困难的。但蔗糖及其转化物都具有旋光性，而且它们的旋光能力不同，故可以利用系统在反应进程中旋光度的变化来度量反应的进程。

测量物质旋光度的仪器称为旋光仪。溶液的旋光度与溶液中所含物质的旋光能力、溶液性质、溶液浓度、样品管长度及温度等均有关系。当其他条件固定时，旋光度 α 与反应物浓度 c 呈线性关系，即

$$\alpha = \beta c \tag{2-22}$$

式中，比例常数 β 与物质的旋光能力、溶液性质、溶液浓度、样品管的长度、温度等有关。

物质的旋光能力用比旋光度来度量，比旋光度用下式表示：

$$[\alpha]_D^{20} = \frac{\alpha \times 100}{lc} \tag{2-23}$$

式中，$[\alpha]_D^{20}$ 右上角的"20"表示实验时温度为 20 ℃；D 是指钠灯光源 D 线的波长（即 589 nm）；α 为测得的旋光度，单位为（°）；l 为样品管长度，单位为 dm；c 为浓度，单位为 g/100 mL。

作为反应物的蔗糖是右旋性物质，其比旋光度 $[\alpha]_D^{20} = 66.6°$；生成物中的葡萄糖也是右旋性物质，其比旋光度 $[\alpha]_D^{20} = 52.5°$；但果糖是左旋性物质，其比旋光度 $[\alpha]_D^{20} = -91.9°$。由于生成物中果糖的左旋性比葡萄糖的右旋性大，所以生成物呈现左旋性质。随着反应的进行，系统的右旋值不断减小，反应至某一瞬间，系统的旋光度恰好等于零，而后就变成左旋，直至蔗糖完全水解，这时左旋达到最大值 α_∞。

设系统最初的旋光度为 $\quad \alpha_0 = \beta_{反} c_0 \quad$（$t = 0$，蔗糖尚未转化）$\quad$（2-24）

系统最终的旋光度为 $\quad \alpha_\infty = \beta_{生} c \quad$（$t = \infty$，蔗糖已完全转化）$\quad$（2-25）

式（2-24）和式（2-25）中 $\beta_{反}$ 和 $\beta_{生}$ 分别为反应物与生成物的比例常数。

当时间为 t 时，蔗糖浓度为 c，此时旋光度为 α_t，即

$$\alpha_t = \beta_{反} c + \beta_{生}(c_0 - c) \tag{2-26}$$

由式（2-24）、式（2-25）和式（2-26）联立可解得

$$c_0 = (\alpha_0 - \alpha_\infty) / (\beta_{反} - \beta_{生}) = \beta'(\alpha_0 - \alpha_\infty) \tag{2-27}$$

$$c = (\alpha_t - \alpha_\infty)/(\beta_反 - \beta_生) = \beta'(\alpha_t - \alpha_\infty) \qquad (2\text{--}28)$$

将式（2-27）和式（2-28）代入式（2-20）即得

$$\ln(\alpha_t - \alpha_\infty) = -kt + \ln(\alpha_0 - \alpha_\infty) \qquad (2\text{--}29)$$

显然，以 $\ln(\alpha_t - \alpha_\infty)$ 对 t 作图可得一直线，从直线斜率即可求得反应速率常数 k。

三、仪器与试剂

旋光仪及附件 1 套；　　　　　　　　秒表 1 块；

100 mL 锥形瓶 1 只；　　　　　　　50 mL 量筒 1 只；

100 mL 烧杯 2 只；　　　　　　　　胶头滴管 1 支；

4.00 mol·L^{-1} 浓度的 HCl 溶液；　　蔗糖（分析纯）。

四、实验步骤

（1）仪器装置。

了解旋光仪的构造、原理，掌握其使用方法。打开电源，预热 10～15 min，使钠光灯发光正常。

（2）旋光仪的零点校正。

蒸馏水是非旋光物质，可以用来校正旋光仪的零点（既 $\alpha = 0$ 时仪器对应的刻度）。将装有蒸馏水的旋光管放入样品室，盖上箱盖，待小数稳定后，按"清零"按钮清零。旋光管通光面两端若有雾状水滴，应用软布揩干。旋光管螺帽不宜旋得过紧，以免产生应力，影响读数。旋光管放置时应注意标记的位置和方向。

（3）在室温下测定蔗糖水解反应过程的旋光度 α_t。

用天平称取 6 g 蔗糖，置于烧杯中，加入 30 mL 蒸馏水溶解。用量筒量取 30 mL 4.00 mol·L^{-1} 的 HCl 溶液。迅速将 HCl 全部倒入蔗糖溶液中，当 HCl 加入约一半时认为反应已经开始，立即开始计时（注意：秒表一经启动，勿停，直至实验完毕）并摇动，使之充分混合。迅速用少量混合液体荡洗旋光管 1～2 次后，将混合液装满旋光管，置于旋光仪中，盖上槽盖。此时，仪器将自动显示溶液的旋光度值（随着反应的进行，旋光度显示的数值将不断减小），测量、记录不同时间 t 时溶液的旋光度 α_t。因旋光度随时间不断变化，读取旋光度要在瞬间读准，否则数据继续变化无法再读。

注意记下第一次读数的时间，之后，每 1 min 读取 1 次数据，之后随反应物浓度的降低数据变化渐慢，待 10 min 后可间隔 2 min 读 1 次数，20 min 后可间隔 4 min 读 1 次数，直至旋光度由正值变为负值。

（4）α_∞ 的测定。

为了得到反应终了时的旋光度 α_∞，将步骤（3）中剩余的混合液倒入锥形瓶中，并置于 60 ℃ 的水浴中恒温 30 min 以加速水解反应，然后冷却至实验温度，按上述操作，测定其旋光度，复测 3 次，取平均值，此值即可认为是 α_∞。

（5）实验测试完毕，须将旋光仪内槽擦净，以避免酸腐蚀，洗净旋光管，擦干备用。

五、数据记录与处理

1. 数据记录

实验室温度_____℃；大气压_____kPa；

盐酸浓度_____mol · L^{-1}；α_∞ _____。

实验数据记录见表 2–11。

表 2–11 蔗糖水解反应时间与旋光度原始数据记录表

t /min	α_t	t /min	α_t	t /min	α_t

2. 数据处理

（1）在表 2–11 中等时间间隔取 8 个 α_t 数值，计算出相应的 $\alpha_t - \alpha_\infty$ 和 $\ln(\alpha_t - \alpha_\infty)$，并列于数据处理表 2–12 中。

（2）利用式（2–29）$\ln(\alpha_t - \alpha_\infty) = -kt + \ln(\alpha_0 - \alpha_\infty)$，以 $\ln(\alpha_t - \alpha_\infty)$ 对 t 作

图，由直线斜率求反应速率常数 k 的值。

（3）利用式（2-21）$t_{1/2} = \dfrac{\ln 2}{k} = \dfrac{0.693}{k}$，计算蔗糖水解反应半衰期 $t_{1/2}$。

表 2-12 实验数据处理表

反应时间 t /min							
α_t							
$\alpha_t - \alpha_\infty$							
$\ln(\alpha_t - \alpha_\infty)$							

六、思考与讨论

（1）实验中，用蒸馏水来校正旋光仪的零点，试问在蔗糖水解反应过程中所测的旋光度 α_t 是否必须进行零点校正？

（2）配置蔗糖溶液时称量不够准确，对测量结果是否有影响？

（3）在混合蔗糖溶液和盐酸溶液时，将盐酸加到蔗糖溶液里，能否将蔗糖溶液加到盐酸溶液中去？为什么？

七、实验注意事项

（1）旋光管通光面两端的雾状水滴，应用软布揩干。旋光管螺帽不宜旋得过紧，以免产生应力，影响读数。

（2）测定 α_∞ 时，通过加热使反应速率加快，蔗糖水解完全，但加热温度不要超过 60 ℃。

（3）由于酸对仪器有腐蚀，操作时应特别注意，避免酸液滴到仪器上。实验结束后必须将旋光仪内槽擦净，将旋光管洗净，擦干。

（4）旋光仪的钠灯管不宜长时间开启，测量间隔较长时应熄灭，以免损坏。

实验八　用电导法测定弱电解质的解离平衡常数

一、实验目的和要求

（1）理解溶液电导的基本概念。

（2）掌握用电导率仪测定溶液电导率的实验方法。

（3）测定醋酸在水溶液中的解离度及解离平衡常数。

二、实验原理

对于 CA 型弱电解质，设起始浓度为 c，达到平衡时的解离度为 α

$$CA \rightleftharpoons C^+ + A^-$$

平衡时：$c(1-\alpha)$　$c\alpha$　$c\alpha$

其在溶液中以浓度表示的解离平衡常数

$$K_c = \frac{c_{(C^+)}c_{(A^-)}}{c_{(CA)}} \tag{2-30}$$

即

$$K_c = \frac{c\alpha^2}{1-\alpha} \tag{2-31}$$

式中，K_c 为以浓度表示的解离平衡常数；α 为弱电解质的解离度；c 为弱电解质的浓度。

已知 c，测得 α，即可按式（2-31）求得 K_c。

测定解离度 α 的值可采用电导法。电导的定义是：通过导体的电流与导体两端电势差之比。因此，电导是电阻的倒数。电导用 G 表示，电阻用 R 表示，即

$$G = \frac{1}{R} \tag{2-32}$$

电导的单位是"西门子"，以 S 表示。若某电导池的两电极间相距为 l，极板面积为 A，那么该电导池中溶液的电导为：

$$G = k\frac{A}{l} \tag{2-33}$$

即电导与极板面积成正比而与极板的距离成反比。其比例系数 k 称为电导率，它的物理意义是当 $A=1\ m^2$，$l=1\ m$ 时电导池中溶液的电导。

$$k = G\frac{l}{A} \tag{2-34}$$

式中，$\frac{l}{A}$ 称为电导池常数，当 $\frac{l}{A}=1$ 时，$k=G$。

在一定温度下，电解质溶液的电导率除与电解质的种类有关外，还与其浓度有关。为了比较不同电解质溶液的导电能力，人们引入了摩尔电导率的概念：在相距 1 m 的两个平行电极之间，放入含有 1 mol 电解质的溶液时该溶液的电导称为摩尔电导率，用 Λ_m 表示。摩尔电导率与电导率之间的关系为：

$$\Lambda_m = \frac{k}{c} \tag{2-35}$$

式中，c 为溶液的浓度。

弱电解质的解离度 α 随浓度的降低而增大，当溶液浓度趋于无限稀释时，弱电解质将趋于完全解离，即 $\alpha \to 1$。在一定温度下，某电解质溶液的电导率与溶液中离子的浓度成正比，因而也就与解离度 α 成正比。所以，弱电解质的解离度 α 应等于该溶液浓度为 c 时的 Λ_m 与溶液浓度无限稀释时的摩尔电导率 Λ_m^∞ 之比：

$$\alpha = \frac{\Lambda_m}{\Lambda_m^\infty} \tag{2-36}$$

根据离子独立运动定律，在无限稀释的溶液中，离子运动是彼此独立的，互不影响，即电解质的摩尔电导率等于正、负离子摩尔电导率之和：

$$\Lambda_m^\infty = \Lambda_m^{\infty+} + \Lambda_m^{\infty-} \tag{2-37}$$

弱电解质 CH_3COOH 的 Λ_m^∞ 可由电解质 HCl、CH_3COONa 及 NaCl 的 Λ_m^∞ 求得：

$$\Lambda_m^\infty (CH_3COOH) = \Lambda_m^{\infty+} (H^+) + \Lambda_m^{\infty-} (CH_3COO^-)$$

$$= \Lambda_m^\infty (HCl) + \Lambda_m^\infty (CH_3COONa) - \Lambda_m^\infty (NaCl)$$

三、仪器与试剂

电导率仪 1 台；　　　　　　　　　配套的电导电极 1 支；

玻璃钢恒温水浴 1 台；　　　　　　100 mL 容量瓶 2 只；

50 mL 移液管 2 支；　　　　　　　大试管 1 支；

0.010 0 mol·dm^{-3} 的醋酸溶液；　电导水。

四、实验步骤

（1）将恒温槽的温度调至 25 ℃。

（2）电导率仪接通电源，仪器处于校准状态，校准指示灯亮，让仪器预热 15 min。

（3）配制待测溶液。实验室配制好初始浓度 c_0 等于 0.01 mol·dm^{-3} 的醋酸溶液。用 50 mL 移液管将原始浓度为 c_0 的醋酸溶液在 100 mL 容量瓶中稀释至 $1/2c_0$ 浓度。用另一支 50 mL 移液管从配置好的浓度为 $1/2c_0$ 的醋酸溶液中吸出 50 mL，在另一 100 mL 容量瓶中稀释至 $1/4c_0$ 浓度。因醋酸的电导率很小，在配置不同浓度的溶液时应当用电导水，以免杂质对电导测定产生影响。

（4）电导池常数的校正。

将电导率仪的"温度补偿"钮置于 25 ℃刻度线；将"量程"旋钮调整到"2 mS·cm^{-1}"；将测量开关置"校正"挡，调节"常数校正"钮，使仪器显示与电极标明电导池常数值相同，并保持稳定，然后将测量开关置"测量"挡。

（5）测定醋酸溶液的电导率。按照由稀到浓的顺序依次测定 $\frac{1}{4}c_0$、$\frac{1}{2}c_0$、c_0 浓度的醋酸溶液。测量之前将电极和大试管用电导水洗净，再用待测溶液荡洗 2～3 次。在大试管中加入待测液，插入电极后液面高于电极上沿 2 cm 左右即可，在恒温槽中恒温 10 min，测定溶液的电导率。之后每隔 5 min 测量一次，重复测量两次，三次数据取平均值。

第一个溶液测定完毕后，不必用电导水冲洗电极和大试管，而应用下一个待测液荡洗电极和大试管 2～3 次，再加入待测液测定其电导率。

（6）实验完成之后，将电极洗净并放入电导水中存放。

五、数据记录与处理

实验室温度＿＿＿＿＿＿＿＿ ℃；大气压＿＿＿＿＿＿＿＿kPa；

实验温度＿＿＿＿＿＿＿＿ ℃。

（1）由教材查出 25 ℃时无限稀释时的 H^+ 和 CH_3COO^- 的摩尔电导率分别为

$\Lambda_m^{\infty+}(H^+)=34.982\times10^2\ mS\cdot dm^2\cdot mol^{-1}$, $\Lambda_m^{\infty-}(CH_3COO^-)=4.09\times10^2\ mS\cdot dm^2\cdot mol^{-1}$

由此计算出醋酸的 Λ_m^{∞}。

（2）计算醋酸在三种浓度下的解离度 α 和解离平衡常数 K_c 的平均值。计算公式如下：

k 的计算可通过式 $k=G\dfrac{l}{A}$，由于 $\dfrac{l}{A}$ 已校正为 1.00，因此 k 在数值上等于 G 值，单位为 $mS\cdot cm^{-1}$。但为了与溶液浓度 $mol\cdot dm^{-3}$ 单位统一，需要将电导率的单位换算为 $mS\cdot dm^{-1}$，即在原数据 $mS\cdot cm^{-1}$ 的基础上扩大 10 倍。

通过式 $\Lambda_m=\dfrac{k}{c}$、$\alpha=\dfrac{\Lambda_m}{\Lambda_m^{\infty}}$ 和 $K_c=\dfrac{c\alpha^2}{1-\alpha}$ 依次计算出数据，填入表 2–13 中。

表 2–13　实验数据记录与处理表

样品编号	$c_{醋酸}$ /（mol·dm^{-3}）	k /（mS·dm^{-1}）	$\bar{k}$ /（mS·dm^{-1}）	Λ_m /（mS·dm^2·mol^{-1}）	α	K_c /（mol·dm^{-3}）
1		（1）				
		（2）				
		（3）				
2		（1）				
		（2）				
		（3）				
3		（1）				
		（2）				
		（3）				

计算解离常数的平均值，$K_c =$ _____mol・dm^{-3}。

（3）以一组数据为例，写明计算过程。

六、思考与讨论

（1）影响准确测定溶液电导率的因素有哪些？

（2）实验中为什么要先校正电导池常数？如何测定？

七、实验注意事项

（1）电极不使用时，应浸在电导水中存放，以免铂黑电极干燥后吸附杂质而影响测定。

（2）电极使用前，一定要用电导水和待测溶液冲洗，并用滤纸吸干上面的水分后再插入待测溶液中。

（3）测量时铂黑电极要完全浸没在溶液中，液面应高于电极 1～2 cm。

（4）实验中温度要恒定，恒温槽的温度要控制在（25.0±0.1）℃。

说明：25 ℃的醋酸在水溶液中的 K_c 值为 1.754×10^{-5} mol・dm^{-3}。

实验九　原电池电动势的测定

一、实验目的和要求

（1）了解电动势的概念，并掌握其计算方法。

（2）掌握用对消法测定电池电动势的原理和电位差综合测试仪的使用方法。

（3）通过电池和电极电势的测量，加深对可逆电池的电动势及可逆电极电势的概念的理解。

二、实验原理

原电池是化学能转化为电能的装置，它是由两个电极构成的，而每一个电极是由电极板和相应的电解质溶液组成的，不同的电极可以构成不同的电池。当电极电势均以还原电极电势表示时，有：

$$E = E_{正极} - E_{负极} \qquad\qquad (2\text{--}38)$$

以 Cu–Zn 电池为例：

$$Zn(s)|ZnSO_4(c_1) \parallel CuSO_4(c_2)|Cu(s)$$

负极反应　　　　$Zn(s) \rightarrow Zn^{2+} + 2e^-$

正极反应　　　　$Cu^{2+} + 2e^- \rightarrow Cu(s)$

电池反应　　　　$Zn(s) + Cu^{2+} \rightarrow Zn^{2+} + Cu(s)$

电池电动势 $E = E_{正极} - E_{负极}$

$$= \left(E^{\ominus}_{Cu^{2+}/Cu} - \frac{RT}{2F}\ln\frac{1}{c_{Cu^{2+}}} \right) - \left(E^{\ominus}_{Zn^{2+}/Zn} - \frac{RT}{2F}\ln\frac{1}{c_{Zn^{2+}}} \right)$$

$$= E^{\ominus} - \frac{RT}{2F}\ln\frac{c_{Zn^{2+}}}{c_{Cu^{2+}}}$$

式中，$E^{\ominus}_{Cu^{2+}/Cu}$ 和 $E^{\ominus}_{Zn^{2+}/Zn}$ 分别为铜电极和锌电极的标准电极电势，$E^{\ominus}$ 为 Cu–Zn 电池的标准电动势。

电池电动势不能用伏特计直接测量，而要用电位差计测量。因为，当把电池与伏特计接通后，由于电池中发生了化学反应，在构成的电路中便有电流通过，电池中溶液浓度不断变化，因而电池电动势也发生变化。另外电池本身也存在内电阻，因此，伏特计量出的电池两极间的电势差比电池电动势小。只有在无电流（或极小电流）通过时测量两电极间的电势差，其数值才等于电池电动势。电位差计就是利用对消法原理测量电池电动势的仪器，测量原理图如图 2–14 所示。

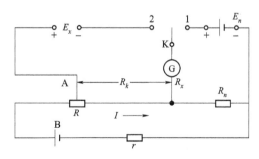

图 2–14　对消法原理示意

图中 E_n 是标准电池，它的电动势是已知的；E_x 是待测电池；G 是检流计；R_n 是标准电池的补偿电阻；R 是被测电池的补偿电阻，它由已知阻值的各进位盘电阻所组成，可以调节 R_k 的数值，使其电压降与 E_x 相补偿，r 是调节工作电流的变阻器；B 是作为电源用的电池；K 是转换开关。

测量时，首先将转换开关 K 合在 1 的位置，调节变阻器 r 时检流计指示为零，这时 $E_n = IR_n$，其中 I 是流过 B、R、R_n 和 r 回路上的电流。工作电流调好后，将转换开关 K 合在 2 的位置，由大到小，分挡调节 A 的落点，再次使检流计 G 的指示为零，这时 $E_x = I \cdot R_k$，因此得 $E_x = E_n R_k / R_n$。

三、仪器与试剂

数字电位差综合测试仪 1 台；　　　　饱和甘汞电极 1 支；

锌电极 1 支；　　　　　　　　　　　铜电极 1 支；

100 mL 容量瓶 2 只；　　　　　　　　50 mL 烧杯 3 只；

电极管 2 支；　　　　　　　　　　　毫安表 1 块；

$0.100\ mol \cdot L^{-1} CuSO_4$ 溶液；　　　$0.100\ mol \cdot L^{-1} ZnSO_4$ 溶液；

镀铜液；　　　　　　　　　　　　　饱和 KCl 溶液；

$3\ mol \cdot L^{-1} HNO_3$ 溶液；　　　　　$6\ mol \cdot L^{-1} H_2SO_4$ 溶液；

$0.5\ mol \cdot L^{-1} Hg_2(NO_3)_2$ 溶液。

四、实验步骤

1. 电极制备

（1）Zn 电极。将 Zn 电极用 $6\ mol \cdot L^{-1} H_2SO_4$ 溶液浸洗 2～5 min，除去表面的氧化物，取出用蒸馏水淋洗，然后将其浸入 $0.5\ mol \cdot L^{-1} Hg_2(NO_3)_2$ 溶液中 10～20 s，取出后用滤纸轻轻擦拭电极（$Hg_2(NO_3)_2$ 有剧毒，擦过电极的滤纸不能乱扔，应将其投入指定的有盖的广口瓶中，瓶中应盛有水淹没滤纸），使其表面形成一层均匀的锌汞齐，用蒸馏水淋洗干净，再用 $0.100\ mol \cdot L^{-1}$ $ZnSO_4$ 溶液冲洗。把处理好的 Zn 电极插入装有 $0.100\ mol \cdot L^{-1}$ $ZnSO_4$ 溶液的电极管内并塞紧，同时使电极管的虹吸管内充满溶液至管口，虹吸管内（包括管口）不能有气泡，也不能有漏液现象。

（2）Cu 电极。将 Cu 电极用 3 mol·L⁻¹ HNO₃ 溶液浸洗，除去 Cu 电极表面的氧化层，取出用蒸馏水淋洗。将铜电极置于放有电镀液的烧杯中作为阴极，另取一片纯铜片（棒）作为阳极，在镀铜液内进行电镀，其装置如图 2–15 所示。电镀时，电流密度控制在 10 mA·cm⁻¹ 左右为宜，电镀时间为 20～30 min，使铜电极表面形成一层均匀的新铜再取出，装配铜电极的方法与锌电极相同（由于铜表面极易氧化，须在测量前进行电镀，且尽量不要在空气中暴露时间过长，应尽快进行测量）。

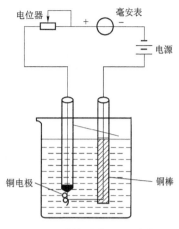

图 2–15　制备电极的电镀装置

2. 电池电动势的测定

将饱和 KCl 溶液注入 50 mL 的烧杯中，作为盐桥，再将制备好的 Zn 电极和 Cu 电极置于烧杯中，组成 Cu–Zn 电池，电池装置如图 2–16 所示。接好电动势的测量线路，在室温下进行测量。

用同样的方法分别测出下列三个电池的电动势：

（1）$Zn(s)|ZnSO_4(0.100\ mol·L^{-1})\|CuSO_4(0.100\ mol·L^{-1})|Cu(s)$；

（2）$Zn(s)|ZnSO_4(0.100\ mol·L^{-1})\|$饱和甘汞电极；

（3）饱和甘汞电极$\|CuSO_4（0.100\ mol·L^{-1})|Cu(s)$。

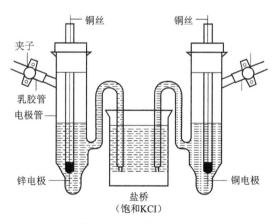

图 2–16　电池装置示意

五、数据记录与处理

1. 数据记录

实验室温度_____ ℃；大气压_____kPa。

实验数据记录见表 2–14。

表 2–14　电池电动势测量值记录表

电池	电池电动势 E/V			
	第 1 次	第 2 次	第 3 次	平均值
Cu–Zn 电池				
Zn–甘汞电池				
甘汞–Cu 电池				

2. 数据处理

（1）计算室温下饱和甘汞电极的电极电势（取前两项），室温为 t ℃。

$$E_{甘汞}=0.244\,3-6.61\times10^{-4}(t-25)-1.75\times10^{-6}(t-25)^2-9.16\times10^{-10}(t-25)^3 \quad (V)$$

（2）根据能斯特公式计算下列电池电动势的理论值并与测量值进行比较，计算出相对误差：

Zn(s)|ZnSO₄(0.100　mol · L⁻¹) ‖ CuSO₄(0.100　mol · L⁻¹)|Cu(s)；

Zn(s)|ZnSO₄(0.100　mol · L⁻¹) ‖ 饱和甘汞电极；

饱和甘汞电极 ‖ CuSO₄(0.100　mol · L⁻¹)|Cu(s)。

六、思考与讨论

（1）为什么不能用伏特计测量电池电动势？

（2）用对消法测两电池电动势的原理是什么？

（3）测电池电动势为什么要使用盐桥？

（4）若电池的极性接反了有什么后果？

七、实验注意事项

（1）制备电极时，防止将正、负极接错。

（2）电极处理好后应尽快测量，如测量过程中出现较大测量误差（与估算值比较），则应重新处理电极后再进行测量。

（3）组装好的电极应固定在电极架上，不要手握电极管，否则影响测量精度。

（4）实验结束后，应将电极管内的溶液倒掉，防止其对电极的腐蚀。

实验十 溶液 pH 值的测定

一、实验目的和要求

（1）了解用玻璃电极测定溶液 pH 值的原理。

（2）学会酸度计的使用方法。

（3）掌握用玻璃电极测定溶液 pH 值的方法。

二、实验原理

将玻璃电极（指示电极）和银–氯化银电极（参比电极）插入溶液形成测定溶液 pH 值的原电池，在 298 K 时有：

$$E = E_{银-氯化银} - E_{玻璃} = E_{银-氯化银} - \left[E_{玻璃}^{\ominus} - 0.059\,2\,\mathrm{pH} \right] \qquad (2-39)$$

在一定条件下 $E_{银-氯化银}$ 和 $E_{玻璃}^{\ominus}$ 是常数，上式可写成

$$E = K + 0.059\,2\,\mathrm{pH} \qquad (2-40)$$

当电极分别插入标准缓冲溶液和待测溶液时，电动势分别为

$$E_S = K + 0.059\,2\,\mathrm{pH}_S \qquad (2-41)$$

$$E = K + 0.059\,2\,\mathrm{pH} \qquad (2-42)$$

两式相减得

$$\mathrm{pH} = \mathrm{pH}_S + \frac{E - E_S}{0.059\,2} = \mathrm{pH}_S + \frac{\Delta E}{0.059\,2} \qquad (2-43)$$

酸度计是一种由玻璃电极和毫伏计组成、测定溶液的 pH 值的专用仪器，其刻度就是依据上述关系得到的。在酸度计上，pH 示值按照 $\Delta E / 0.059\,2$ 分

度。为适应不同浓度下的测量，在实际测定中，先将"温度补偿"旋钮调至与溶液的温度相同之处，然后将电极插入标准缓冲溶液中，用"定位"旋钮将仪器示值调到 pH_S 处，然后将电极插入待测溶液中，酸度计就可以直接显示出待测溶液的 pH 值。

在实际测定中，常用复合电极与酸度计配合使用，本实验所采用的 E–201–C9 复合电极是玻璃电极（测量电极）和银–氯化银电极（参比电极）组合在一起的塑壳可充式复合电极。

三、仪器与试剂

pH_S–2 型酸度计 1 台；　　　　　　E–201–C9 复合电极 1 支；

50 mL 玻璃烧杯 2 只；　　　　　　50 mL 塑料烧杯 2 只；

pH 试纸；　　　　　　　　　　　三种 pH 值未知的溶液；

pH 值分别为 4.008、6.865 和 9.180 的三种标准缓冲溶液（25 ℃）。

四、实验步骤

（1）将酸度计的"pH"键按下，将温度补偿器调至与溶液的温度相同。

（2）用 pH 试纸分别判断三种未知溶液的大致 pH 值，再选择相应的标准缓冲溶液。

（3）将标准缓冲溶液加于 50 mL 塑料烧杯中，复合电极插入标准缓冲溶液中，用"定位"旋钮将仪器示值调到标准缓冲溶液的 pH 值处。

（4）将未知溶液分别加于烧杯中，溶液的体积应超过烧杯体积的一半。测定未知溶液时 pH 值应由大到小测定。

（5）将电极用蒸馏水冲洗干净，用滤纸吸干电极下部的水，然后将电极放入未知溶液中，在测定过程中可缓慢搅动复合电极，待显示屏读数稳定后，可直接读取未知溶液的 pH 值。

五、数据记录与处理

室温＿＿＿＿＿＿＿℃；大气压＿＿＿＿＿＿＿kPa。

实验数据记录与处理见表 2–15。

表 2-15 待测液 pH 值的记录与处理表

电解溶液	pH 值			平均值
待测溶液 1				
待测溶液 2				
待测溶液 3				

六、思考与讨论

（1）用酸度计测定溶液的 pH 值时，为什么必须用标准缓冲溶液校正？校正时应注意什么？

（2）在测定不同溶液的 pH 值时，为什么按照 pH 值从大到小的顺序进行测定？

七、实验注意事项

（1）新的或长期干储存的玻璃 pH 电极，在使用前应在蒸馏水中浸泡 24 h 后才能使用。

（2）常用来校准仪器的标准缓冲溶液有三种：邻苯二甲酸氢钾（25 ℃时，pH=4.008）、磷酸二氢钾和磷酸二氢钠（25 ℃时，pH=6.865）、四硼酸钠溶液（25 ℃时，pH=9.180）。为了提高测试的准确度，校准仪器时应选用与待测试样 pH 值接近的标准缓冲溶液。

（3）注意温度补偿器的调节，需调到被测溶液的温度。

（4）用标准缓冲溶液校准仪器完毕，"定位"和"斜率"旋钮不能再动。

（5）测量完毕，应将电极保护帽套上，帽内应放少量补充液（$3 mol \cdot L^{-1}$ 的 KCl 溶液），以保持电极球泡湿润。

实验十一 电势-pH 曲线的测定

一、实验目的和要求

（1）测定 Fe^{3+}/Fe^{2+}-EDTA 络合体系在不同 pH 值条件下的电极电势，

绘制电势–pH 曲线。

（2）了解电势–pH 图的意义及应用。

（3）掌握电极电势、电池电动势和 pH 值的测量原理和方法。

二、实验原理

许多氧化还原反应的发生，都与溶液的 pH 值有关，此时电极电势不仅随溶液的浓度和离子强度变化，还随溶液 pH 值的不同而改变。如果指定溶液的浓度，改变其酸碱度，同时测定相应的电极电势与溶液的 pH 值，然后以电极电势对 pH 值作图，这样就绘制出电势–pH 曲线，也称为电势–pH 图。图 2–17 所示为 Fe^{3+}/Fe^{2+}–EDTA 体系的电势与 pH 值的关系示意。

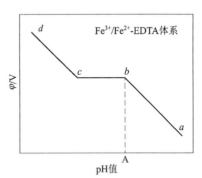

图 2–17　电势–pH 关系示意

对于 Fe^{3+}/Fe^{2+}–EDTA 体系，在不同 pH 值时，其络合物有所差异。假定 EDTA 的酸根离子为 Y^{4-}，下面将 pH 值分成三个区间来讨论其电极电势的变化。

（1）在高 pH 值（图 2–17 中的 ab 区间）时，溶液的络合物为 $Fe(OH)Y^{2-}$ 和 FeY^{2-}，其电极反应为：

$$Fe(OH)Y^{2-} + e^- \rightleftharpoons FeY^{2-} + OH^-$$

根据能斯特方程，其电极电势为：

$$\varphi = \varphi^{\ominus} - \frac{RT}{F}\ln\frac{a(FeY^{2-})a(OH^-)}{a(Fe(OH)Y^{2-})} \tag{2–44}$$

式中，$\varphi^{\ominus}$ 为标准电极电势，a 为活度。

由 a 与活度系数 γ 和质量摩尔浓度 m 的关系可得：

$$a = \gamma m \tag{2–45}$$

同时考虑到在稀溶液中水的活度积可以看作水的离子积，又按照 pH 值的定义，则式（2–44）可改写为：

$$\varphi = \varphi^{\ominus} - \frac{RT}{F}\ln\frac{\gamma(\text{FeY}^{2-})\cdot K_W}{\gamma(\text{Fe(OH)Y}^{2-})} - \frac{RT}{F}\ln\frac{m(\text{FeY}^{2-})}{m(\text{Fe(OH)Y}^{2-})} - \frac{2.303RT}{F}\text{pH}$$

$$（2-46）$$

令 $b_1 = \dfrac{RT}{F}\ln\dfrac{\gamma(\text{FeY}^{2-})K_W}{\gamma(\text{Fe(OH)Y}^{2-})}$，在溶液离子强度和温度一定时，$b_1$ 为常数，则

$$\varphi = (\varphi^{\ominus} - b_1) - \frac{RT}{F}\ln\frac{m(\text{FeY}^{2-})}{m(\text{Fe(OH)Y}^{2-})} - \frac{2.303RT}{F}\text{pH} \quad （2-47）$$

在 EDTA 过量时，生成的络合物的浓度可近似地看作配置溶液时铁离子的浓度，即 $m(\text{FeY}^{2-}) \approx m(\text{Fe}^{2+})$，$m(\text{Fe(OH)Y}^{2-}) \approx m(\text{Fe}^{3+})$。当 $m(\text{Fe}^{3+})$ 与 $m(\text{Fe}^{2+})$ 比例一定时，φ 与 pH 呈线性关系，即图 2-17 中的 ab 段。

（2）在特定的 pH 值范围内，Fe^{2+} 与 Fe^{3+} 与 EDTA 生成稳定的络合物 FeY^{2-} 和 FeY^{-}，其电极反应为：

$$\text{FeY}^{-} + \text{e}{-} \rightleftharpoons \text{FeY}^{2-}$$

电极电势表达式为：

$$\varphi = \varphi^{\ominus} - \frac{RT}{F}\ln\frac{a(\text{FeY}^{2-})}{a(\text{FeY}^{-})}$$

$$= \varphi^{\ominus} - \frac{RT}{F}\ln\frac{\gamma(\text{FeY}^{2-})}{\gamma(\text{FeY}^{-})} - \frac{RT}{F}\ln\frac{m(\text{FeY}^{2-})}{m(\text{FeY}^{-})}$$

$$= (\varphi^{\ominus} - b_2) - \frac{RT}{F}\ln\frac{m(\text{FeY}^{2-})}{m(\text{FeY}^{-})} \quad （2-48）$$

式中，$b_2 = \dfrac{RT}{F}\ln\dfrac{\gamma(\text{FeY}^{2-})}{\gamma(\text{FeY}^{-})}$，当温度一定时，$b_2$ 为常数，在此 pH 值范围内，该体系的电极电势只与 $m(\text{FeY}^{2-})/m(\text{FeY}^{-})$ 的比值有关，或者说只与配制溶液时 $m(\text{Fe}^{2+})/m(\text{Fe}^{3+})$ 的比值有关。曲线中出现平台区（图 2-17 中的 bc 段）。

（3）在低 pH 值时，体系的电极反应为

$$\text{FeY}^{-} + \text{H}^{+} + \text{e}^{-} \rightleftharpoons \text{FeHY}^{-}$$

同理可求得

$$\varphi = (\varphi^{\ominus} - b_3) - \frac{RT}{F} \ln \frac{m(FeHY^-)}{m(FeY^-)} - \frac{2.303RT}{F} pH \qquad (2-49)$$

在 $m(Fe^{2+})/m(Fe^{3+})$ 不变时，φ 与 pH 值呈线性关系（即图 2-17 中的 cd 段）。

由此可见，只要将体系（Fe^{3+}/Fe^{2+}-EDTA）用惰性金属（铂丝）作导体组成一电极，并且与另一参比电极（饱和甘汞电极）组合成一原电池测量其电动势，即可求得体系（Fe^{3+}/Fe^{2+}-EDTA）的电极电势。与此同时采用酸度计测出相应条件下的 pH 值，从而可绘制出相应体系的电势-pH 曲线。

三、仪器与试剂

pH-3 V 型酸度电势测定装置 1 台；　　超级恒温槽 1 台；

饱和甘汞电极 1 支；　　　　　　　　铂电极 1 支；

复合电极 1 支；　　　　　　　　　　氮气钢瓶 1 个；

$(NH_4)_2Fe(SO_4)_2 \cdot 6H_2O$（化学纯）；

$(NH_4)Fe(SO_4)_2 \cdot 12H_2O$（化学纯）；

2 mol·L^{-1}NaOH 溶液；　　　　　　2 mol·L^{-1}HCl 溶液；

EDTA 溶液（在 100 mL 水中加入 7.44 gEDTA 二钠盐和 1 gNaOH 溶解后制得，化学纯）。

四、实验步骤

（1）连接仪器装置。

仪器装置如图 2-18 所示。

（2）配制溶液。

将反应瓶置于磁力搅拌器上，加入搅拌子，接通恒温水，调节超级恒温槽，使温度恒温于 25 ℃。向反应瓶中加入 100 mL0.2 mol·L^{-1} 的 EDTA 溶液，依次加入事先称量好的 1.45 g$(NH_4)Fe(SO_4)_2 \cdot 12H_2O$，搅拌至完全溶解，将 1.18 g$(NH_4)_2Fe(SO_4)_2 \cdot 6H_2O$ 搅拌至完全溶解。此溶液中含 EDTA 为 0.2 mol·L^{-1}，Fe^{3+}为 0.03 mol·L^{-1}，Fe^{2+}为 0.03 mol·L^{-1}。盖上瓶盖，开启搅拌器，通入 N_2 约 2 min。

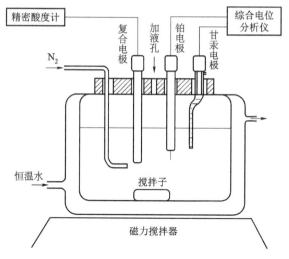

图 2–18　电势–pH 测定装置

（3）电极电势和 pH 值的测定。

在反应瓶盖上分别插入铂电极、甘汞电极和复合电极。连接 pH–3 V 酸度电势测定仪，在搅拌的情况下用滴管从加液孔缓缓加入 2.00 mol·L^{-1} 的 NaOH 溶液，调节 pH 值至 8 左右（溶液颜色变为红褐色），测定当前电池电动势的值和相应的 pH 值。然后用滴管滴加 4.00 mol·L^{-1} HCl 溶液，使溶液的 pH 值改变约 0.3，待 pH 值读数稳定后，分别读取 pH 值和电池电动势。

继续滴加 HCl 溶液，在每改变 0.3 个 pH 单位时读取一组数据，直到溶液的 pH 值低于 2.5 为止。

（4）实验结束后，取出电极，清洗干净并妥善保存，关闭恒温槽，拆解实验装置，洗净反应瓶。

五、数据记录与处理

实验室温度_____℃；大气压_____kPa。

（1）数据记录见表 2–16。

根据测得的电池电动势和饱和甘汞电极的电极电势计算 Fe^{3+}/Fe^{2+}–EDTA 体系的电极电势，其中饱和甘汞电极的电极电势用下式进行温度校正：

$$\varphi / V = 0.2412 - 6.61 \times 10^{-4}(t-25) - 1.75 \times 10^{-6}(t-25)^2 - 9 \times 10^{-10}(t-25)^3$$

表 2-16 Fe^{3+}/Fe^{2+}-EDTA 体系的 pH 值和电池电动势记录表

pH 值					
$E_{电池}$					
φ（Fe^{3+}/Fe^{2+}-EDTA）					

（2）绘制电势–pH 曲线，由曲线确定 FeY^- 和 FeY^{2-} 稳定存在时的 pH 值范围。

六、思考与讨论

（1）写出 Fe^{3+}/Fe^{2+}-EDTA 体系在电势平台区、低 pH 值和高 pH 值时，体系的基本电极反应及其所对应的电极电势公式的具体形式，并指出各项的物理意义。

（2）如果改变溶液中 Fe^{3+} 和 Fe^{2+} 的用量,则电势–pH 曲线将会发生什么样的变化？

七、实验注意事项

（1）反应瓶盖上连接的装置较多，操作时注意安全。

（2）在用 NaOH 溶液调 pH 值时，要缓慢加入，并适当提高搅拌速度，以免产生 $Fe(OH)_3$ 沉淀。

实验十二 溶液表面张力的测定——用最大气泡压力法

一、实验目的和要求

（1）测定不同浓度正丁醇水溶液的表面张力。

（2）掌握测定表面张力的方法——最大气泡法。

二、实验原理

（1）表面张力的概念。任何一个相，其表面分子与内部分子所受到的作用力是不同的。例如某种纯液体与其饱和蒸气压达到平衡时，液体内部的任一分子皆处于同类分子的包围中，所受周围分子的引力是球形对称的，可以相互抵消，合力为零。而表面分子却不同，由于液体内部的分子对表面分子的引力远远大于上方稀疏气体分子对它的引力，所以表面层中的分子恒受到指向液体内部的拉力。因此，表面分子总是趋向于向液体内部移动，缩小其表面积。液体表面上处处都存在着这样一种使液面张紧的力，将其称为表面张力。

（2）表面张力是液体的重要特性之一，与所处的温度、压力、液体的组成、共存的另一相的组成等有关。纯液体的表面张力通常指该液体与饱和了其自身蒸气的空气共存时液面的张力。

（3）测定表面张力的方法有毛细管法、滴重法、最大气泡法等。本实验采用最大气泡法测定正丁醇液体的表面张力，实验装置如图 2–19 所示。

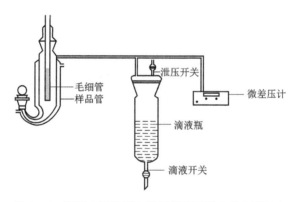

图 2–19　用最大气泡压力法测量表面张力的装置示意

当表面张力仪中的毛细管截面与待测液面相切时，液体沿毛细管上升。打开滴液漏斗的活塞，使水缓慢下滴，此时样品管中的压力 p_r 逐渐减小，毛细管中的大气压 p_o 就会将管中液面压至管口，并形成气泡。其曲率半径恰好等于毛细管半径 r 时，根据拉普拉斯公式，此时能承受的压力差最大：

$$\Delta p_{max} = p_o - p_r = \frac{2\sigma}{r} = k\sigma \qquad (2-50)$$

在实验中，对于同一只毛细管和压力计，k 值为一常数，称为仪器常数。因此，可测定已知表面张力的液体的 Δp_{max} 值，从而计算出 k 值。然后测定其他液体的 Δp_{max} 值，就能求出该液体的表面张力。

三、仪器与试剂

表面张力测定仪 1 套；　　　　　　超级恒温水浴 1 台；

铁架台 1 只；　　　　　　　　　　自由夹 2 只；

400 mL 烧杯 1 只；　　　　　　　滴管 1 支；

试剂瓶 8 只；　　　　　　　　　　0.8 mol·L^{-1} 正丁醇溶液。

四、实验步骤

（1）准备仪器。将表面张力仪器和毛细管洗净、烘干后，按照图 2-19 装好。打开恒温水浴，使其温度稳定于 25 ℃。

（2）仪器检漏。在滴液瓶中加入水，打开泄压开关。将毛细管插入样品管中，从样品管的侧管中加入蒸馏水，使毛细管管口刚好与液面相切。接入恒温水恒温 5 min，系统采零，之后关闭泄压开关。此时将滴液瓶的滴液开关缓慢打开放水，使系统内的压力降低，压力计显示一定数值时，关闭滴液瓶的开关，若 2~3 min 内压力计数字不变，说明系统不漏气，可以进行实验。

（3）仪器常数的测定。

取一支浸泡在洗液中的毛细管，依次用自来水、蒸馏水反复清洗若干次，同样把样品管也清洗干净。

在样品管中加入蒸馏水，将毛细管插入样品管中，使毛细管的下端恰好与液面相切，恒温 10 min。打开分液漏斗的活塞，放液抽气以降低样品管中的压力，控制放液速度，使气泡一个个逸出，一般以每分钟形成 5~10 个气泡为宜。当气泡形成的速率稳定后，压力计读数缓慢变化（最好压力计读数小数点后最后一位每次变化 1~2 个数字），记录压力差的最大值 Δp_{max}，至少测定 3 次，取其平均值。

由附录中查出 25 ℃时水的表面张力，计算仪器常数 k 值。

（4）不同浓度的正丁醇溶液表面张力的测定。

以浓度为 0.8 mol·L^{-1} 的正丁醇溶液为基准，分别准确配制浓度为 0.020 mol·L^{-1}、0.050 mol·L^{-1}、0.100 mol·L^{-1}、0.200 mol·L^{-1}、0.300 mol·L^{-1}、0.400 mol·L^{-1}、0.500 mol·L^{-1}、0.600 mol·L^{-1} 的正丁醇溶液各 100 mL。重复上述实验步骤，按照由稀至浓的顺序依次进行测量，温度对该实验的测量影响较大，溶液加入样品管后需恒温 10 min 再进行读数，测得一系列浓度的正丁醇溶液的 Δp_{max}。

本实验的关键在于溶液浓度的准确性和所用毛细管、样品管的清洁程度。因此除事先用热的洗液清洗它们以外，每改变一次测量溶液必须用待测的溶液反复洗涤它们，以保证所测量的溶液表面张力与实际溶液的浓度一致。控制好出泡速率，使之平稳地重复出现压力差，而不允许气泡一连串地出现。洗涤毛细管时切勿碰破其尖端，以免影响测量。

（5）实验结束后，使系统与大气相同，关闭电源，洗净玻璃仪器。

五、数据记录与处理

室温：＿＿＿＿＿＿＿℃；   恒温槽温度：＿＿＿＿＿℃；

大气压：＿＿＿＿＿kPa； σ_{H_2O}：＿＿＿＿＿N·m^{-1}；

仪器常数 k：＿＿＿＿＿＿。

（1）实验数据记录见表 2–17。

表 2–17 正丁醇的表面张力测定记录表

待测液		纯水	正丁醇水溶液 c / (mol·L^{-1})							
			0.020	0.050	0.100	0.200	0.300	0.400	0.500	0.600
Δp / kPa	1									
	2									
	3									
	平均									
σ / (×10^{-3}N·m^{-1})										

（2）利用式（2-50）$\Delta p_{max} = p_o - p_r = \dfrac{2\sigma}{r} = k\sigma$ 求出不同浓度时正丁醇水溶液的 σ，填入表 2-17。

（3）以一组数据为例，写明计算过程。

六、思考与讨论

（1）本实验结果的准确与否取决于哪些因素？

（2）为什么正丁醇溶液的表面张力随它的浓度的变化而变化？

（3）表面张力为什么必须在恒温槽中进行测定？浓度变化对表面张力有何影响？为什么？

七、实验注意事项

（1）测定用的毛细管一定要先洗干净，否则气泡可能不能连续稳定地通过，而使压力计的读数不稳定。

（2）毛细管一定要垂直，管口要和液面刚好接触。

（3）表面张力和温度有关，因此要等溶液恒温后再测量。

（4）控制好出泡速度，读取压力计的压力差时，应取气泡单个逸出时的最大压力差。

实验十三　溶胶和乳状液的制备与性质

一、实验目的和要求

（1）了解溶胶和乳状液的性质。

（2）掌握利用不同方法制备溶胶并用热渗析法纯化溶胶的方法。

（3）学会溶胶聚沉值的测定及鉴别乳状液类型的方法。

二、实验原理

固体以胶体大小的质点分散在液体介质中即形成溶胶。溶胶的基本特征有：多相性，相界面大，高分散性，胶粒大小为 $10^{-9} \sim 10^{-7}$ m，是热力学不稳定系统。

　　溶胶的制备一般分为两类：分散法和凝结法。分散法是把较大的物质颗粒变为溶胶大小的质点，使其分散于分散介质中。常用的方法有机械分散法、电弧法、超声波法、胶溶法。凝结法是把物质的分子或离子聚合成胶体大小的质点，常用的方法有凝结物质蒸气；改变溶剂或实验条件（如降温）；降低溶解度，从而使溶质凝结成胶体颗粒，在适当的条件下借助化学反应，形成胶体大小的难溶物质粒子。

　　制成的溶胶中常因有其他杂质存在而影响其稳定性，因此必须对其进行纯化，纯化时通常采用半透膜进行渗析。

　　溶胶的稳定性主要取决于胶粒表面电荷的多少，因此加入电解质后就能使溶胶聚沉，而起聚沉作用的主要是与胶粒带相反电荷的粒子。一般来说，反离子的价数越高，聚沉能力越强。聚沉能力的大小通常用聚沉值表示，聚沉值是使溶胶发生明显聚沉时需要电解质的最小浓度值，其单位用 $mol \cdot L^{-1}$ 表示。

三、仪器与试剂

100 mL、10 mL 量筒各 1 只；　　　　滴管 1 支；

玻璃棒 2 根；　　　　　　　　　　　滴定管 3 支；

电吹风 1 个；　　　　　　　　　　　10 mL 移液管 1 支；

250 mL 烧杯各 2 只；　　　　　　　　100 mL 锥形瓶 4 只；

小刀 1 把；　　　　　　　　　　　　$FeCl_3$ 溶液（10%）；

0.025 mol $\cdot$ L^{-1} K_2SO_4 溶液；　　　1 mol $\cdot$ L^{-1} KCl 溶液；

火胶棉溶液（5%）；　　　　　　　　0.015 mol $\cdot$ L^{-1} $K_3[Fe(CN)_6]$溶液；

H_2S 溶液；　　　　　　　　　　　酒石酸氧锑钾溶液（0.4%）。

四、实验步骤

1. 溶胶的制备

1）$Fe(OH)_3$ 溶胶的制备

在 250 mL 烧杯中加 100 mL 蒸馏水加热至沸腾，慢慢地滴入 5 mL 质量分数为 10% 的 $FeCl_3$ 溶液并不断搅拌，加完后继续沸腾 2～3 min。由于 $FeCl_3$ 水解，得到深红色透明的 $Fe(OH)_3$ 溶胶，冷却后即可使用。其结构式可表示为

$$\{[Fe(OH)_3]_m \cdot nFeO^+ \cdot (n-x)Cl^-\}^{x+} \cdot xCl^-$$

2）Sb_2S_3 溶胶的制备

取 30 mL 质量分数为 0.4% 的酒石酸氧锑钾溶液注入烧杯中，一边搅拌一边滴加 H_2S 溶液，直到溶液变为橙红色为止，制得 Sb_2S_3 溶胶备用。

2. 溶胶的纯化

1）半透膜的制备

取一只洁净干燥的 100 mL 锥形瓶，倒入约 8 mL 左右质量分数为 5% 的火棉胶液（它是硝化纤维素的乙醇、乙醚的混合溶液），要远离火焰，转动锥形瓶使火棉胶均匀地铺在内壁上，用电吹风吹干，用小刀仔细地将瓶口的膜与瓶壁完全分离，取出半透膜袋。将袋装满水，检查是否漏水，若有漏洞，只需擦干有洞的部分，用玻璃棒蘸少许火棉胶液接触漏洞，即可补好漏洞。

2）溶胶的纯化

把 $Fe(OH)_3$ 溶胶倒入到半透膜袋中，扎好袋口，将其置于 2～3 倍溶胶体积的蒸馏水中，使水温保持为 60 ℃～70 ℃进行热渗析，20 min 换一次水，直至渗析液用 $AgNO_3$ 检查不出 Cl^- 为止。

3. 电解质的聚沉作用

用移液管在 3 只干净的锥形瓶中各注入 10 mL 净化好的 $Fe(OH)_3$ 溶胶，然后在每个试管中分别用滴定管逐滴滴加 1 mol·L^{-1} KCl、0.025 mol·L^{-1} K_2SO_4、0.015 mol·L^{-1} $K_3[Fe(CN)_6]$ 溶液并摇动。在开始有明显聚沉物出现时，即停止滴加电解质，记下所用溶液的体积。

4. 溶胶的相互聚沉作用

将 5 mL $Fe(OH)_3$ 溶胶和 5 mL Sb_2S_3 溶胶混合均匀，观察现象。

五、数据记录与处理

1. 数据记录

实验室温度＿＿＿＿＿＿℃；大气压＿＿＿＿＿＿kPa。

实验数据记录见表 2–18。

表 2–18　电解质的聚沉作用实验数据记录表

电解质	KCl	K_2SO_4	$K_3[Fe(CN)_6]$
浓度 $c/$（mol·L^{-1}）			
滴加体积 $V/$ mL^{-1}			
聚沉值 $c'/$（mol·L^{-1}）			

2. 数据处理

（1）利用以下公式计算电解质的聚沉值并将之填入表 2–14：

$$c' = \frac{Vc}{V + V_{溶胶}} \qquad (2-51)$$

式中，V 为滴加液体的体积，单位为 mL；c 为滴加液体的浓度，单位为 mol·L^{-1}；$V_{溶胶}$ 为 $Fe(OH)_3$ 溶胶的体积，单位为 10 mL。

（2）比较这三种电解质聚沉值的大小，并说明原因。根据聚沉值测定结果说明 $Fe(OH)_3$ 溶胶的带电符号。

六、思考与讨论

（1）$Fe(OH)_3$ 溶胶能否用 KCl、$BaCl_2$、$AlCl_3$ 溶液进行聚沉？试估计聚沉值的差别，并说明理由。

（2）破坏溶胶还有哪些方法？

七、实验注意事项

制备溶胶滴加 $FeCl_3$ 溶液时速度要慢，而且要快速搅拌，制成的溶胶应透明、无沉淀。如发现沉淀，应重新制备溶胶。

第三章
部分仪器设备的使用说明

3.1 高压钢瓶的安全使用

1. 高压钢瓶的规格及识别

（1）高压钢瓶的型号、规格（按工作压力分类）见表 3-1。

表 3-1 高压钢瓶的型号、规格（按工作压力分类）

钢瓶型号	用途	工作压力/Pa	试验压力/Pa	
			水压试验	气压试验
150	装 O_2、H_2、N_2、CH_4、压缩空气及惰性气体等	1.47×10^7	2.21×10^7	1.47×10^7
125	装 CO_2 等	1.18×10^7	1.86×10^7	1.18×10^7
30	装 NH_3、Cl_2、光气、异丁烷等	2.94×10^6	5.88×10^6	2.94×10^6
6	装 SO_2 等	5.88×10^5	1.18×10^6	5.88×10^5

（2）高压钢瓶的颜色标志

我国高压钢瓶常用的标记见表 3-2。

表 3-2 我国高压钢瓶常用的标记

气体类别	瓶身颜色	标字颜色	字样
氮气	黑	黄	氮
氧气	天蓝	黑	氧
氢气	深蓝	红	氢

气体类别	瓶身颜色	标字颜色	字样
压缩空气	黑	白	压缩空气
二氧化碳	黑	黄	二氧化碳
氢	棕	白	氢
液氨	黄	黑	氨
氯	草绿	白	氯
乙炔	白	红	乙炔
氟氯烷	铝白	黑	氟氯烷
石油气体	灰	红	石油气
粗氩气体	黑	白	粗氩
纯氩气体	灰	绿	纯氩

2. 高压钢瓶的安全使用

（1）钢瓶应放在阴凉、远离电源、热源（如阳光、暖气、炉火等）的地方，并加以固定。可燃性气体钢瓶必须与氧气钢瓶分开存放。

（2）搬运钢瓶时要戴上瓶帽、橡皮腰圈。要轻拿轻放，不要在地上滚动，以避免撞击和突然摔倒。

（3）高压钢瓶必须要安装好减压阀后方可使用。一般可燃性气体钢瓶上阀门的螺纹为反扣的（如氢、乙炔），不燃性或助燃性气瓶（如 N_2、O_2）为正丝。各种减压阀绝不能混用。

（4）开、闭气阀时，操作人员应避开瓶口方向，站在侧面，防止万一阀门或压力表冲出伤人，操作应缓慢。

（5）氧气瓶的瓶嘴、减压阀都严禁沾污油脂。在开启氧气瓶时还应特别注意手上、工具上不能有油脂，扳手上的油应用酒精洗去，待干后再使用，以防燃烧和爆炸。

（6）钢瓶内的气体不能完全用尽，应保持在 0.05 MPa 表压以上的残留压力，以防重新灌气时发生危险。

（7）钢瓶须定期送交检验，合格钢瓶才能充气使用。

3. 气体减压阀的构造及使用

气体钢瓶充气后，压力可达 150×101.3 kPa，使用时必须用气体减压阀。其构造如图 3–1 所示，其结构原理如图 3–2 所示。当顺时针方向旋转手柄 1 时，压缩主弹簧 2，作用力通过弹簧垫块 3、薄膜 4 和顶杆 5 使活门 9 打开，这时进口的高压气体（其压力由高压表 7 指示）由高压室经活门调节减压后进入低压室（其压力由低压表 10 指示）。当达到所需压力时，停止转动手柄，开启供气阀，将气体输到受气系统。

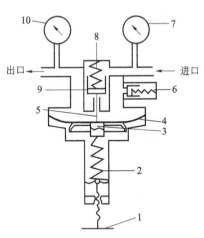

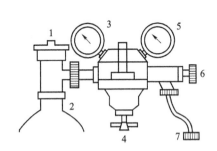

图 3-1　气体减压阀

1—钢瓶总阀门；2—氧气表与钢瓶连接螺旋；
3—总压力表；4—调压阀门；5—分压力表；
6—供气阀门；7—接氧弹进气口螺旋

图 3-2　气体减压阀的工作原理示意

1—旋转手柄；2—压缩主弹簧；3—弹簧垫块；
4—薄膜；5—顶杆；6—安全阀；7—高压表；
8—压缩弹簧；9—活门；10—低压表

停止用气时，逆时针旋松手柄 1，使主弹簧 2 恢复原状，活门 9 因压缩弹簧 8 的作用而密闭。当调节压力超过一定允许值或减压阀出现故障时，安全阀 6 会自动开启排气。

安装减压阀时，应先确定其尺寸规格是否与钢瓶和工作系统的接头相符，用手拧满螺纹后，再用扳手上紧，防止漏气。若有漏气应再旋紧螺纹或更换皮垫。

在打开钢瓶总阀 1 之前，（见图 3-1 中的氧气压力表）必须仔细检查调压阀门 4 是否已关好（手柄松开是关）。切不能在调压阀 4 处在开放状态（手柄顶紧是开）时，突然打开钢瓶总阀 1，否则会出事故。只有当手柄松开（处于关闭状态）时，才能开启钢瓶总阀 1，然后再慢慢打开调压阀门。

停止使用时，应先关钢瓶总阀 1，到压力表下降到零时，再关调压阀门（即松开手柄 4）。

3.2　精密数字压力计的使用方法

精密数字压力计是指数字化的压力测量仪器，以下主要介绍 DP-AF 精密数字压力计。DP-AF 精密数字压力计是低真空检测仪表，适用于负压的测量，可以代替 U 形水银压力计，消除其汞毒的特点。精密数字压力计采用 CPU（中央处理器）对压力数据进行非线性补偿和零位自动校正，可以在较宽的环境温度范围内保证准确度。

（1）技术指标。

测量范围：−100～0 kPa。测量分辨率：四位半：0.01 kPa；三位半：0.1 kPa。

（2）使用条件。

电源：交流 220 V±10%，50 Hz。环境温度：−10 ℃～50 ℃；相对湿度：≤85%。压力传递介质：除氟化物气体外的各种气体介质均可使用。

（3）DP-AF 精密数字压力计的前面板示意如图 3–3 所示。

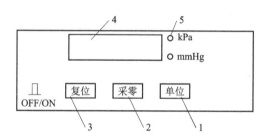

图 3–3　精密数字压力计的前面板示意

1—"单位"键；2—"采零"键；3—"复位"键；4—数据显示屏；5—指示灯

①"单位"键：当接通电源时，初始状态为"kPa"指示灯亮，LED 显示以 kPa 为计量单位的压力值；按一下"单位"键，"mmHg"指示灯亮，LED 显示以 mmHg 为计量单位的压力值。

②"采零"键：在测试前必须按一下"采零"键，使仪表自动扣除传感器零压力值（零点漂移），LED 显示为"0000"，保证测试时显示的值为被测介质的实际压力值。

③"复位"键：按下此键，可重新启动 CPU，仪表即可返回初始状态。

一般用于死机时，在正常测试中不应按此键。

④ 数据显示屏：显示被测压力数据。

⑤ 指示灯：显示不同计量单位的信号灯。

（4）DP-AF 精密数字压力计的后面板示意如图3-4所示。

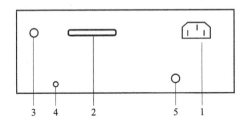

图3-4　精密数字压力计的后面板示意

1—电源插座；2—电脑串行口；3—压力接口；4—压力调整；5—保险丝

① 电源插座：与～220 V 相接。

② 电脑串行口：与电脑主机后面板的 RS232C 串行口连接（可选配）。

③ 压力接口：被测压力的引入接口。

④ 压力调整：被测压力满量程调整。

⑤ 保险丝：0.2 A。

（5）DP-AF 精密数字压力的计使用方法。

① 准备工作。

a. 该机压力传感器和二次仪表为一体，用$\phi 4.5 \sim 6$ mm 内径的真空橡胶管将仪表后盖的压力传感器接口与被测系统连接。

b. 将仪表后盖的电源插座与交流 220 V 电源连接。

c. 打开电源开关，此时仪表处于初始状态，预热 2 min。

② 操作步骤。

a. 预压及气密性检查。缓慢加压至满量程，观察数字压力表显示值的变化情况，若 1 min 内显示值稳定，说明传感器及其监测系统无泄露。确认无泄漏后，泄压至零，并在全量程反复预压 2～3 次，方可正式测试。

b. 采零。泄压至零，使压力传感器通大气，按一下"采零"键，以消除仪表系统的零点漂移，此时 LED 显示"0000"。

注意：尽管仪表作了精细的零点补偿，但传感器本身固有的漂移是无法处理的，因此，每次测试前都必须进行采零操作，以保证所测压力值的准确度。

c. 测试。仪表采零后接通被测系统，此时仪表显示被测系统的压力值。

d. 关机。先将被测系统泄压后，再关掉电源开关。

（6）DP-AF 精密数字压力的使用注意事项。

① DP-AF 精密数字压力计的测量介质为除氟化物气体外的各种气体介质。

② DP-AF 精密数字压力计有足够的过载能力，但超过过载能力时，传感器有永久性损坏的可能。

③ 使用和储存时，仪表应放在通风、干燥和无腐蚀性气体的场所。

3.3　阿贝折光仪的工作原理及使用方法

阿贝折光仪可直接用来测定液体的折光率，定量地分析溶液的组成，鉴定液体的纯度。同时，物质的摩尔折射度、摩尔质量、密度、极性分子的偶极矩等也都可与折光率相关联，因此它也是研究物质结构的重要工具。阿贝折光仪是教学和科研工作中常见的光学仪器。折光率的测量，所需样品量少，测量精密度高（折光率可精确到小数点后 4 位），重现性好。近年来，由于电子技术和电子计算机技术的发展，该仪器的品种也在不断更新。下面介绍仪器的工作原理和使用方法。

1. 阿贝折光仪工作原理简述

当一束光从一种各向同性的介质 m 进入另一种各向同性的介质 M 时，不仅光速会发生改变，如果传播方向不垂直于界面，还会发生折射现象，如图 3-5 所示。

光线在真空中的速度（$v_{真空}$）与在某一介质中的速度（$v_{介质}$）之比定义为该介质的折光率，它等于入射角 α 与折射角 β 的正弦之比，

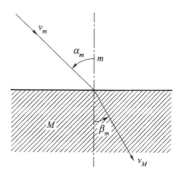

图 3-5　光在不同介质中的折射

即

$$n_\lambda^t = \frac{v_{真空}}{v_{介质}} = \frac{\sin \alpha}{\sin \beta}$$

在测定折光率时,一般光线都是从空气射入介质中,除精密工作以外,通常都是以空气作为近似真空标准状态,故常以空气中测得的折光率作为某介质的折光率,即

$$n_\lambda^t = \frac{v_{空气}}{v_{介质}} = \frac{\sin \alpha}{\sin \beta}$$

物质的折光率随入射光的波长 λ、测定时的温度 t 及物质的结构等因素而变化,所以,在测定折光率时必须注明所用的光线和温度。当 λ、t 一定时,物质的折光率是一个常数。例如 $n_D^{20} = 1.3611$ 表示入射光波长为钠光 D 线(λ=589.3 nm),温度为 20 ℃时,介质的折光率为 1.361 1。

由于光在任何介质中的速度均小于它在真空中的速度,因此,所有介质的折光率都大于 1,即入射角大于折射角。

2. 阿贝折光仪测定液体介质折光率的原理

阿贝折光仪是根据临界折射现象设计的,如图 3-6 所示。

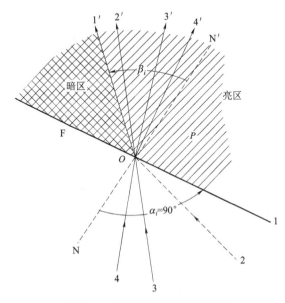

图 3-6 阿贝折光仪的临界折射

入射角 $\alpha_i=90°$ 时，折射角 β_i 最大，称为临界折射角。如果从 $0°$ 到 $90°$（ α_i ）都有单色光入射，那么从 $0°$ 到临界角 β_i 也都有折射光。换言之，在临界角以内的区域均有光线通过，该区域是亮的，而在临界角 β_i 以外的区域，由于折射光线消失而没有光线通过，故该区域是暗的，两区域将有一条明暗分界线，由分界线的位置可测出临界角 β_i 。

当 $\alpha_i=90°$ ， $\beta=\beta_i$ 时，

$$n_\lambda^t = \frac{\sin 90°}{\sin \beta_i} = \frac{1}{\sin \beta_i}$$

3. 阿贝折光仪的结构

图 3-7 所示是阿贝折光仪的结构示意。

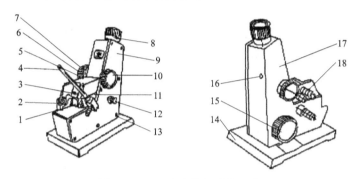

图 3-7　阿贝折光仪的结构示意

1—反射镜；2—连接；3—遮光板；4—温度计；5—进光棱镜座；6—色散调节手轮；7—色散值刻度圈；
8—目镜；9—盖板；10—锁紧手轮；11—折射棱镜座；12—照明刻度盘聚光镜；13—温度计座；
14—底座；15—折射率刻度调节手轮；16—调节小孔；17—壳体；18—恒温器接头

其中心部件是由两块直角棱镜组成的棱镜组，下面一块是可以启闭的辅助棱镜，其斜面是磨砂的，液体试样夹在辅助棱镜与测量棱镜之间，展开成一薄层。光由光源经反射镜反射至辅助棱镜，磨砂的斜面发生漫射，因此从液体试样层进入测量棱镜的光线各个方向都有，从测量棱镜的直角边上方可观察到临界折射现象。转动棱镜组转轴的手柄，调节棱镜组的角度，使临界线正好落在测量目镜视野的 X 形准丝交点上。由于刻度盘与棱镜组的转轴是同轴的，因此与试样折光率相对应的临界角位置能通过刻度盘反映出来。刻度盘上的示值有两行，一行示值是在以日光为光源的条件下将折光率值直接换算成相当于钠光 D 线的折光率 n_λ^t （1.300 0～1.700 0）数值；另一行示

值为 0%~95%，它是工业上用折光仪测量固体物质在水中浓度的标准，通常用于测量蔗糖的浓度。

4. 阿贝折光仪的使用方法

（1）仪器的安装。将折光仪置于靠窗的桌子或白炽灯前，但勿使仪器置于直照的日光中，以避免液体试样迅速蒸发。用橡皮管将测量棱镜和辅助棱镜上保温夹套的进水口与超级恒温槽串联起来，恒温温度以折光仪上的温度计读数为准。

（2）加样。松开锁钮，开启辅助棱镜，使其磨砂的斜面处于水平位置，用滴管加少量丙酮清洗镜面，促使难挥发的玷污物逸走，用滴管时注意勿使管尖碰撞镜面。必要时可用擦镜纸轻轻吸干镜面，但切勿用滤纸。待镜面干燥后，滴加数滴试样于辅助棱镜的毛镜面上，闭合辅助棱镜，旋紧锁钮。若试样易挥发，则可在两棱镜接近闭合时从加液小槽中加入，然后闭合两棱镜，锁紧锁钮。

（3）对光。转动手柄，使刻度盘标尺上的示值为最小，调节反射镜，使入射光进入棱镜组，同时从目镜中观察，使视场最亮。调节目镜，使视场准丝最清晰。

（4）粗调。转动手柄，使刻度盘标尺上的示值逐渐增大，直至观察到视场中出现彩色光带或黑白临界线为止。

（5）消色散。转动消色散手柄，使视场内呈现一个清晰的明暗临界线。

（6）精调。转动手柄，使临界线正好处在 X 形准丝交点上，若此时又呈微色散，必须重调消色散手柄，使临界线明暗清晰（调节过程在目镜中看到的图像颜色变化如图 3-8 所示）。

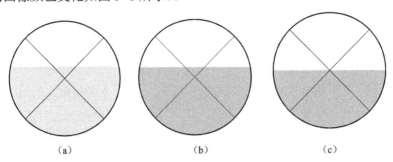

（a）　　　　　　　　　　（b）　　　　　　　　　　（c）

图 3-8　目镜视野图像

（a）未调节右边旋钮前在右边目镜看到的图像，此时颜色是散的；

（b）调节右边旋钮直到出现有明显的分界线为止；

（c）调节左边旋钮使分界线经过交叉点为止，并在左边目镜中读数

（7）读数。为保护刻度盘的清洁，现在的折光仪一般都将刻度盘装在罩内，读数时先打开罩壳上方的小窗，使光线射入，然后从目镜中读出标尺上相应的示值（刻度盘如图3-9所示）。由于眼睛在判断临界线是否处于准丝点交点上时，容易疲劳，为减少偶然误差，应转动手柄，重复测定三次，三个读数相差不能大于 0.000 2，然后取其平均值。试样的成分对折光率的影响是极其灵敏的，玷污或试样中易挥发组分的蒸发会使试样组分发生微小的改变，导致读数不准，因此测一个试样应重复取三次样，测定这三个样品的数据，再取其平均值。

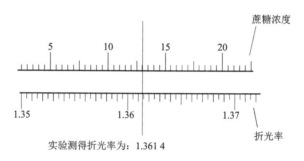

实验测得折光率为：1.361 4

图3-9　阿贝折光仪刻度盘

5. 仪器校正

折光仪的刻度盘上的标尺的零点有时会发生移动，须加以校正。校正的方法是用一种已知折光率的标准液体，一般是用纯水，按上述方法进行测定，将平均值与标准值比较，其差值即为校正值。纯水在15 ℃～30 ℃的温度系数为-0.000 1/℃。在精密的测定工作中，须在所测范围内用几种不同折光率的标准液体进行校正，并画出校正曲线，以供测试时对照校核。

6. 阿贝折光仪的使用注意事项

（1）仪器应置于干燥、空气流通的室内，以免光学零件受潮后生霉。

（2）当测试腐蚀性液体时应及时做好清洗工作（包括光学零件、金属零件以及油漆表面），防止侵蚀损坏。仪器使用完毕，必须做好清洁工作，将之放入木箱内，且木箱中应存有干燥剂（变色硅胶）以吸收潮气。

（3）被测试样中不应有硬性杂质，当测试固体试样时，应防止把折射棱镜表面拉毛或产生压痕。

3.4 自动旋光仪的工作原理及使用方法

旋光仪是一种测定物质旋光度的仪器。通过旋光度（光学活性）的测定，可以分析某一物质的浓度、含量及纯度等。现以 WZZ–2A 型自动数显旋光仪为例介绍自动旋光仪的原理及使用方法。WZZ–2A 型自动旋光仪采用光电检测、光学零位自动平衡原理，对目视旋光仪难以分析的低旋光度样品也适用。

1. WZZ–2A 型自动旋光仪的结构及原理

WZZ–2A 型自动旋光仪的外形结构如图 3–10 所示，其原理示意如图 3–11 所示。

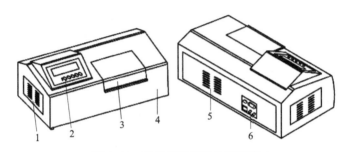

图 3–10 自动旋光仪的外形结构

1—钠光灯窗；2—按键显示窗；3—样品室盖；4—外壳；5—后盖板；6—开关电源板

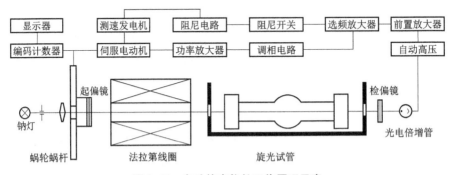

图 3–11 自动旋光仪的工作原理示意

仪器采用 20 W 钠光灯作光源，由小孔光阑和物镜组成一个简单的点光源平行光管（图 3–11），平行光经起偏镜变为平面振光，其振动平面为 OO

[图 3-12（a）]，当偏振光经过有法拉第效应的磁旋仪器以两偏振镜光轴正交时（即 $OO \perp PP$）作为光学零点，此时，$\alpha = 0°$（图 3-13）。磁旋线圈产生的 β 角摆动，在光学零点时得到 100 Hz 的光电信号（曲线 C'），在有 $\alpha_1(°)$ 或 $\alpha_2(°)$ 的试样时得到 50 Hz 的信号，但它们的相位正好相反（曲线 B'、D'）。因此，其能使工作频率为 50 Hz 的伺服电机转动。伺服电机通过蜗轮蜗杆将起偏镜反向转过 $\alpha(°)$（$\alpha = \alpha_1$ 或 $\alpha = \alpha_2$），仪器回到光学零点，伺服电机在 100 Hz 信号的控制下，重新出现平衡指示。

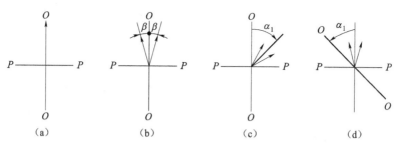

图 3-12　偏振光振动示意

（a）偏振镜（一）产生的偏振光在 OO 平面内振动；（b）通过磁旋线圈后的偏振光振动面以 β 角摆动；

（c）通过样品后的偏振光振动面旋转 $\alpha_1(°)$；（d）仪器示数平衡后偏振镜（一）

反向转过 $\alpha_1(°)$ 补偿了样品的旋光度

OO 为偏振镜（一）的偏振轴；PP 为偏振镜（二）的偏光轴。

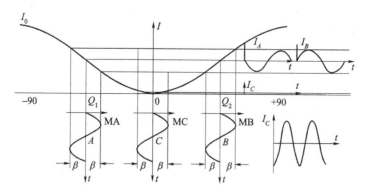

图 3-13　光强度、旋光度、光电流随时间变化曲线

曲线 I_0：光强度随旋光度的大小而改变；曲线 A、B、C：

法拉第效应使旋光度 α 随时间而变化（β 角摆动）；

曲线 I_A、I_B、I_C：光电流随时间而变化——光电信号。

2. WZZ–2A 型自动旋光仪的操作方法

（1）将仪器的电源插头插入 220 V 交流电源，要求使用交流电子稳压器（1 kV·A）并将接地脚可靠接地。

（2）打开电源开关，点亮钠光灯，为使钠光灯发光稳定，钠光灯内的钠必须充分蒸发，这需约 15 min 的预热时间。

（3）打开光源开关，使钠光灯在直流下点亮（若光源开关开启后钠光灯熄灭，须再将光源开关重复打开 1～2 次）。

（4）按下"测量"开关，机器处于自动平衡状态。按复测 1～2 次，再按"清零"按钮清零。

（5）将装有蒸馏水或其他空白溶剂的旋光管放入样品室，盖上箱盖，待小数稳定后，按清零按钮清零。旋光管通光面两端的雾状水滴，应用软布揩干。旋光管螺帽不宜旋得过紧，以免产生应力，影响读数。旋光管安放时应注意标记的位置和方向。

（6）取出旋光管，将待测样品注入旋光管，按相同的位置和方向放入样品室内，盖好箱盖。仪器读数窗将显示出该样品的旋光度。等到测数稳定，再读取读数。

（7）逐次按下"复测"按键，取几次测量的平均值作为样品的测定结果。深色样品透过率过低时，仪器的示数重复性将有所降低，此为正常现象（样品超过测量范围时，仪器会在±45°处振荡。此时取出旋光管，仪器即自动转回零位）。

（8）钠灯直流供电出故障时，仪器也可在钠灯交流供电的情况下测试，但仪器的性能略有下降。仪器使用完毕后，应依次关闭测量、光源、电源开关。

3. 浓度或含量的测定

先将已知纯度的标准品或参考样品按一定比例稀释成若干只不同浓度的试样，分别测出其旋光度。然后以横轴为浓度，纵轴为旋光度，绘成旋光曲线，如图 3–14 所示。一般，旋光曲线均按算术插值法制

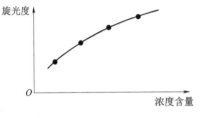

图 3–14　旋光曲线

成查对表形式。

旋光曲线使用时，先测出样品的旋光度，根据旋光度从旋光曲线上查出该样品的浓度或含量。旋光曲线应用同一台仪器、同一支试管来做，测定时应予注意。

4. 自动旋光仪的使用注意事项

（1）仪器应放在干燥通风处，防止潮气侵蚀，尽可能在 20 ℃ 的工作环境中使用仪器，搬动仪器时应小心轻放，避免震动。

（2）光源（钠光灯）积灰或损坏时，可打开机壳进行擦净或更换。

3.5　电导率仪的使用方法

SLDS–Ⅱ 数显电导率仪是一台实验室常规分析仪器，它用于实验室精确测量电解质溶液的电导率。仪器的正面板和后面板如图 3–15 和图 3–16 所示。

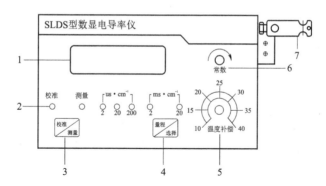

图 3–15　SLDS–Ⅱ 电导率仪正面板示意

1—显示窗口；2—状态指示灯；3—功能键（校准/测量）；4—量程转换键；

5—"温度补偿"旋钮；6—"常数"调节旋钮；7—电极支架

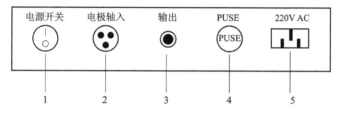

图 3–16　SLDS–Ⅱ 电导率仪后面板示意

1—电源开关；2—电极输入；3—信号输出；4—保险丝；5—电源插座

1. SLDS-Ⅱ电导率仪的工作原理

在电解质溶液中，带电的离子在电场的影响下产生移动而传递电子，其导电能力以电阻 R 的倒数电导 G 表示，即 $G = \dfrac{1}{R}$ ［见式（2-31）］。电导的单位是"西门子"，以 S 表示。若某电导池的两电极间相距为 l，极板面积 A，那么该电导池中溶液的电导为 $G = k\dfrac{A}{l}$ ［见式（2-32）］，即电导与极板面积成正比而与极板间的距离成反比。其比例系数 k 称为电导率，$k = G\dfrac{l}{A}$ ［见式（2-33）］，式中，$\dfrac{l}{A}$ 为电导池常数，当电导池常数为 1 时，电导率 k 即等于电导 G。电导的测量，实际上是通过测量浸入溶液的电极极板之间的电阻来实现的。

2. 电导电极的选用

电导电极的选用参见表 3-3。

表 3-3　电导率范围及对应电极常数推荐表

电导率范围/ （μS・cm^{-1}）	电阻率范围/ （Ω・cm）	推荐使用电极常数 （/cm^{-1}）
0.05～2	20 M～500 k	0.01，0.1
2～200	500 k～5 k	0.1，1.0
200～2 000	5 k～500	1.0
2 000～20 000	500～50	1.0，10
2 000～2×10^5	500～5	10

测量高电导的溶液，若待测液的电导率高于 20 mS・cm^{-1}，应选用 DJS-10 电极，此时量程范围可扩大到 200 mS・cm^{-1}，（20 mS・cm^{-1} 挡可测至 200 mS・cm^{-1}，2 mS・cm^{-1} 挡可测至 20 mS・cm^{-1}，但显示数值需×10）。测量纯水或高纯水的电导率，宜选电极常数为 0.01 的电极，被测值等于显示数值×0.01。也可用 DJS-0.1 电极，被测值等于显示数值×0.1。被测液的电导低于 30 μS・cm^{-1}，宜选用 DJS-1 光亮电极。若电导率高于 30 μS・cm^{-1}，应选用 DJS-1 铂黑电极。

3. SLDS-Ⅱ电导率仪的使用方法

（1）将电极插头插入电极插座（插头、插座上的定位销对准后，按下插头顶部即可），接通仪器电源，仪器处于校准状态，校准指示灯亮。让仪器预热 15 min。

（2）将仪器"温度补偿"旋钮的标志线置于待测液的实际温度相应位置，当"温度补偿"旋钮置于 25 ℃位置时，则无补偿作用。

（3）调节常数旋钮，使仪器所显示的值为所用电极的常数标称值。

（4）按"标准/测量"键，使仪器处于测量状态（测量指示灯亮），待显示值稳定后，该显示值即待测液体在该温度下的电导率值。

在测量中，若显示屏显示"OUL"，表示待测液超出量程范围，应置于高一挡量程来测量，若读数很小，就置于低一挡量程，以提高精度。

4. 电导电极常数的标定

电导电极出厂时，每支电极都标有电极常数值。用户若怀疑电极常数不正确或电极使用超过一年，可以按照以下步骤重新标定。以下介绍了两种电导电极的标定方法：

（1）参比溶液法。

① 清洗电极。

② 配制标准溶液。根据电极常数，选择合适的标准溶液，见表 3–4，配制方法见表 3–5，不同温度下 KCl 标准溶液的电导率见附录九。

③ 把电导池接入电导仪。

④ 控制溶液温度为 25.0 ℃。

⑤ 把电极浸入标准溶液中，测出电导池电极间电阻 R。

⑥ 按下式计算电极常数 J：$J = k \times R$，式中 k 为溶液已知电导率（查表可得）。

（2）标准电极法标定。

① 用一只已知常数的电极与未知常数的电极测量同一溶液的电阻。

选择一只合适的标准电极（设电极常数为 $J_标$）。

② 把未知常数的电极（设常数为 J_1）与标准电极以同样的深度插入液体中（事先将电极清洗干净）。

③ 依次把它们接到电导率仪上，分别测出电阻，用 R_1 及 $R_标$ 表示，则有：$\dfrac{J_标}{J_1} = \dfrac{R_标}{R_1}$，得到 $J_1 = \dfrac{J_标 \times R_1}{R_标}$。

表 3–4　测定电极常数的 KCl 标准溶液

电极常数/（cm^{-1}）	0.01	0.1	1	10
KCl 溶液近似浓度/（mol·L^{-1}）	0.001	0.01	0.01 或 0.1	0.1 或 1

表 3–5　标准溶液的组成

近似浓度/（mol·L^{-1}）	容量浓度 KCl 溶液（20 ℃空气中）/（g·L^{-1}）
1	74.265 0
0.1	7.436 5
0.01	0.744 0
0.001	将 100mL 0.01mol/L 的溶液稀释至 1 L

注：KCl 应该用一级剂，并须在 110 ℃烘箱中烘 4 h，取出在干燥器中冷却后方可称量。

5. 仪器使用的注意事项

（1）电极的连接须可靠，防止腐蚀性气体侵入。

（2）电极使用前后都应清洗干净。

（3）电极的不正确使用常引起仪器工作不正常。应使电极完全浸入溶液中。

（4）仪器设置的溶液温度系数为 2%，与此系数不符合的溶液使用温度补偿将会产生一定的误差，为此可把"温度补偿"旋钮置于 25 ℃，所得读数为待测溶液在测量时温度下的电导率。

（5）如仪器显示"溢出"，则说明所测值已超出仪器的测量范围，此时应马上关机，并换用电极常数更大的电极进行测量。

3.6　数字电位差综合测试仪的使用方法

SDC 数字电位差综合测试仪是采用抵消法测量原理设计的一种电位测量仪器，它将普通电位差计、检流计、标准电池及工作电池合为一体，保持了普通电位差计的测量结构，并在电路设计中采用了对称设计，保证了测量的高精确度。

当测量开关置于内标时，拨动精密电阻箱通过恒电流电路产生电位数模转换电路送入 CPU（中央处理器），由 CPU 显示电位，使电位显示为 1 V。这时，精密电阻箱产生的电压信号与内标 1V 电压送至测量电路，由测量电路测量出误差信号，经数模转换电路再送入 CPU，由检零显示误差值，由采零按钮控制并记忆误差，以便测量待测电动势时进行误差补偿。SDC 数字电位差综合测试仪的电路原理如图 3–17 所示，仪器面板如图 3–18 所示。

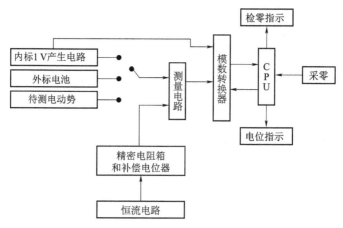

图 3–17 SDC 数字电位差综合测试仪的电路原理示意

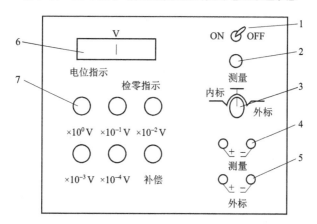

图 3–18 SDC 数字电位差综合测试仪的仪器面板示意

1—电源开关；2—采零；3—测量选择；4—测量接线端口；

5—外标接线端口；6—显示屏；7—读数旋钮组及"补偿"旋钮

当测量开关置于外标时，由外标标准电池提供标准电压，调节精密电阻箱和补偿电位器产生电位显示和检零显示。测量电路经标定后即可测量待测电势。

仪器校验的具体操作步骤如下：

（1）将被测电动势按"+""−"极性与测量端子对应连接好。

（2）将仪器和交流 220 V 电源连接、开启电源，预热 15 min。

（3）采用"内标"校验时，将"测量选择"旋钮置于"内标"位置，将 100 位旋钮置 1，其余旋钮和"补偿"旋钮逆时针旋到底，此时"电位指示"显示"1.00000"V，待"检零指示"数值稳定后，按下采零键，此时"检零指示"应显示"0000"。

注：若上述情况下电位显示不为"1.00000"V，可将 100～10^{-4} 五个旋钮和"补偿"电位器配合调节，使其指示为"1.00000"V。

（4）采用"外标"校验时，将外标电池的"+、−"极性按极性与"外标"端子接好，将测量选择旋钮置于"外标"，调节 100～10^{-4} 旋钮和补偿电位器，使"电位指示"数值与外标电池数值相同，待"检零指示"数值稳定之后，按下采零键，此时"检零指示"为"0000"。

（5）仪器用"内标"或"外标"校验完毕后，将被测电池按"+、−"极性与"测量"端子接好，将测量选择旋钮置于"测量"位置，将"补偿"旋钮逆时针旋到底，调节 100～10^{-4} 五个旋钮，使"检零指示"为"−"，且绝对值最小，再调节补偿电位器，使"检零指示"为"0000"，此时，"电位指示"数值即为被测电动势的大小。

注：在测量过程中，若"电位指示"值与被测电动势值相差过大，"检零指示"将显示"OUT"溢出符号。

3.7　pHS−2 型酸度计的工作原理及使用方法

pHS−2 型酸度计是用玻璃电极测量水溶液的酸度（即 pH 值）的一种测量仪器。仪器除测量酸碱度之外也可测量电极电位。本仪器采用高性能的具有极高输入阻抗的集成运算放大器，使仪器具有稳定可靠、使用方便等特点。pHS−2 型酸度计由电位计和 E−201−C9 复合电极组成。

1. pHS−2 型酸度计的工作原理

pHS−2 型酸度计是利用玻璃电极和银−氯化银电极将被测溶液中不同酸

度所产生的直流电势，输入到一台用高输入阻抗集成运算放大器组成的直流放大器，以达到 pH 值指示的目的。

（1）测量原理。水溶液酸碱度的测量一般用玻璃电极作为测量电极，用甘汞电极或银–氯化银电极作为参比电极，当氢离子浓度发生变化时，玻璃电极和参比电极之间的电动势也随之变化，电动势的变化符合下列公式：

$$E = E^\ominus - 2.302\,6\frac{RT}{F}\mathrm{pH}$$

（2）电极系统。E–201–C9 复合电极是由玻璃电极（测量电极）和银–氯化银电极（参比电极）组合在一起的塑壳可充式复合电极。玻璃电极头部球泡是由特殊配方的玻璃薄膜制成的，它仅对氢离子有敏感作用，当它浸入被测溶液中时，被测溶液中的氢离子与电极头部球泡表面水化层进行离子交换，形成一电位，球泡内层也同时有电位存在。因此球泡内外产生一电位差，此电位差随外层氢离子浓度的变化而改变。由于电极内部的溶液中氢离子浓度不变，所以只要测出此电位差就可知被测溶液的 pH 值。

玻璃电极球泡内通过银–氯化银电极组成半电池，球泡外通过银–氯化银参比电极，组成另一个半电池，两个半电池组成一个完整的原电池，其电势差仅与被测溶液的氢离子浓度有关。当一对电极形成的电位差等于零时，被测溶液的 pH 值即为零电位 pH 值。它与玻璃电极内溶液有关。本仪器的零电位为 pH=7，因此仅适应配用零电位 pH 值为 7 的玻璃电极。

2. pHS–2 型酸度计的使用方法

（1）仪器的安装。仪器电源为 220 V 交流电。在未用电极测量前应把配件 Q9 短路插头插入电极插口内，这时仪器的量程放在 "6"，按下读数开关调定位钮，使指针指在中间 pH=7，表明酸度计工作基本正常。

（2）电极的安装。将复合电极插在塑料电极夹上。把此电极夹装在电极杆上，将 Q9 短路插头拔去，将复合电极插头插入电极插口内，电极在测量时，请把电极上靠近电极帽的加液口橡胶管下移，使小口外露，以保持电极内 KCl 溶液的液位差。在不用时，将橡胶管上移，将加液口套住。

（3）pH 校正：（二点校正方法）。

① 将仪器面板上的 "选择" 开关置 "pH" 挡，将 "斜率" 旋钮顺时针旋到至 "100%" 处，将 "温度" 旋钮置此标准缓冲溶液的温度。

② 用蒸馏水将电极洗净，用滤纸吸干。将电极放入盛有 pH=7 的标准缓冲溶液的烧杯内，按下"读数"开关，调节"定位"旋钮，使仪器指示值为此溶液温度下的标准 pH 值。

③ 取出电极，用蒸馏水冲洗干净，用滤纸吸干。根据待测溶液是酸性或碱性来选择 pH=4 或 pH=9 的标准缓冲溶液。把电极放入缓冲溶液中，按下"读数"开关，调节"斜率"旋钮，使仪器指示值为该标准缓冲溶液的 pH 值。

④ 按步骤②的方法再测 pH=7 的标准缓冲溶液，但注意此时应将"斜率"旋钮维持不动。仪器标定结束。

3. 样品溶液 pH 值的测量

（1）在进行样品溶液 pH 值的测量时，必须先清洗电极，并用滤纸吸干。在仪器已进行 pH 校正以后，绝对不能再旋动"定位""斜率"旋钮，否则必须重新进行仪器 pH 校正。一般情况下，一天进行一次 pH 校正已能满足常规 pH 测量的精度要求。

（2）将仪器的"温度"旋钮旋至被测样品溶液的温度值。将电极放入被测溶液中。仪器的"范围"开关置于此样品溶液的 pH 值挡上，按下"读数"开关。如表针打出左面刻度线，则应减少"范围"开关值。如表针打出右面刻度线，则应增加"范围"开关值。直至表针在刻度上，此时表针所指示的值加上"范围"开关值，即为此样品溶液的 pH 值。请注意，表面满刻度值为 2 pH，最少分度值为 0.02 pH。希望被测样品溶液的温度和用于仪器 pH 校正的标准缓冲溶液的温度相同，这样能减小由电极所引起的测量误差，提高仪器的测量精度。

4. 使用酸度计的注意事项

（1）防止仪器与潮湿气体接触。潮气的浸入会降低仪器的绝缘性，使其灵敏度、精确度、稳定性都降低。

（2）玻璃电极小球的玻璃膜极薄，容易破损，切忌与硬物接触。

（3）玻璃电极的玻璃膜不要沾上油污，如不慎沾有油污，可先用四氯化碳或乙醚冲洗，再用酒精冲洗，最后用蒸馏水洗净。

（4）如酸度计的指针抖动严重，应更换玻璃电极。

附录
物理化学实验常用数据

附录一 国际单位制基本单位（SI）

量		单 位	
名称	符号	名称	符号
长度	l	米	m
质量	m	千克	kg
时间	t	秒	s
电流	I	安［培］	A
热力学温度	T	开［尔文］	K
物质的量	n	摩尔	mol
发光强度	I_V	坎［德拉］	cd

附录二 国际单位制中的导出单位

量		单 位	
名称	符号	名称	符号
频率	v	赫兹	Hz
力	F	牛［顿］	N
压强	P	帕［斯卡］	Pa

续表

量		单 位	
能量	E	焦［尔］	J
功率	W	瓦［特］	W
电荷	Q	库［仑］	C
电压	V	伏［特］	V
电容	C	法［拉］	F
电阻	R	欧［姆］	Ω
电导	G	西［门子］	S
磁通量	Φ	韦［伯］	Wb
磁感应强度	B	特［斯拉］	T
电感	L	亨［利］	H

附录三 不同温度下水的饱和蒸气压

温度/℃	+0	+1（+5）	+2（+10）	+3（+15）	+4（+20）
0	0.610 5	0.656 7	0.705 8	0.757 9	0.813 4
5	0.872 3	0.935 0	1.001 6	1.072 6	1.147 8
10	1.227 8	1.312 4	1.402 3	1.497 3	1.598 1
15	1.704 9	1.817 7	1.937 2	2.063 4	2.196 7
20	2.337 8	2.486 5	2.643 4	2.808 8	2.983 3
25	3.167 2	3.360 9	3.564 9	3.779 5	4.005 3
30	4.242 8	4.492 3	4.754 7	5.030 1	5.319 3
35	5.622 9	5.941 2	6.275 1	6.625 0	6.991 7
40	7.375 9	（9.583 2）	（12.334）	（15.737）	（19.916）
65	25.003	（31.157）	（38.544）	（47.343）	（57.809）
90	70.096	（84.513）	（101.325）	—	—

注：压力单位为 kPa。带括号的数据与表头中括号内的数据对应，如 28 ℃时 $p=$ 3.779 5 kPa，80 ℃时 $p=47.343$ kPa。

附录四　一些物质的饱和蒸气压与温度的关系

物质	正常沸点 /℃	适用温度 范围/℃	A	B	C
三氯甲烷（$CHCl_3$）	61.3	$-30\sim150$	13.880 4	2 677.98	227.4
甲醇（CH_3OH）	64.65	$-20\sim140$	16.126 2	3 391.96	230.0
乙酸（CH_3COOH）	118.2	$0\sim36$	15.952 3	3 802.03	225.0
乙醇（CH_3CH_2OH）	78.37	$-2\sim70$	16.509 2	3 578.91	222.65
丙酮（CH_3COCH_3）	56.5	$5\sim50$	14.159 3	2 673.30	200.22
乙酸乙酯（$C_4H_8O_2$）	77.06	$-22\sim150$	14.328 9	2 852.24	217.0
苯（C_6H_6）	80.10	$5.53\sim104$	13.866 98	2 777.724	220.237
环己烷（C_6H_{14}）	80.74	$6.56\sim105$	13.746 16	2 771.221	222.863

注：表中的数据符合公式 $\ln p = A - B/(C+t)$，t 的单位为℃；p 为蒸气压，单位为 kPa。

附录五　不同温度下水的表面张力

温度 /℃	表面张力 / ($N \cdot m^{-1} \times 10^{-3}$)	温度/℃	表面张力 / ($N \cdot m^{-1} \times 10^{-3}$)	温度 /℃	表面张力 / ($N \cdot m^{-1} \times 10^{-3}$)
0	75.64	20	72.75	40	69.56
5	74.92	21	72.59	45	68.74
10	74.22	22	72.44	50	67.91
11	74.07	23	72.28	60	66.18
12	73.93	24	72.13	70	64.42
13	73.78	25	71.97	80	62.61
14	73.64	26	71.82	90	60.75
15	73.49	27	71.66	100	58.85
16	73.34	28	71.50	110	56.89
17	73.19	29	71.35	120	54.89
18	73.05	30	71.18	130	52.84
19	72.90	35	70.38		

附录六 不同温度下水和乙醇的折光率

温度/℃	纯水	99.8%乙醇	温度/℃	纯水	99.8%乙醇
14	1.333 48	—	34	1.331 36	1.354 74
15	1.333 41	—	36	1.331 07	1.353 90
16	1.333 33	1.362 10	38	1.330 79	1.353 06
18	1.333 17	1.361 29	40	1.330 51	1.352 22
20	1.332 99	1.360 48	42	1.330 23	1.351 38
22	1.332 81	1.359 67	44	1.329 92	1.350 54
24	1.332 62	1.358 85	46	1.329 59	1.349 69
26	1.332 41	1.358 03	48	1.329 27	1.348 85
28	1.332 19	1.357 21	50	1.328 94	1.348 00
30	1.331 92	1.356 39	52	1.328 60	1.347 15
32	1.331 64	1.355 57	54	1.328 27	1.346 29

附录七 金属混合物的熔点

单位：℃

金属		金属（Ⅱ）的含量/质量百分比%										
Ⅰ	Ⅱ	0	10	20	30	40	50	60	70	80	90	100
Pb	Sn	326	295	276	262	240	220	190	185	200	216	232
	Bi	326	290	—	—	179	145	126	168	205	—	268
	Sb	326	250	275	330	395	440	490	525	560	600	632
Sb	Bi	632	610	590	575	555	540	520	470	405	330	268
	Sn	632	600	570	525	480	430	395	350	310	255	232

附录八　几种溶剂的凝固点下降常数

溶剂	纯溶剂的凝固点/℃	凝固点下降常数 k_f/（K·kg·mol^{-1}）
水	0	1.853
醋酸	16.6	3.90
苯	5.533	5.12
对二氧六环	11.7	4.71
环己烷	6.54	20.0

附录九　KCl 溶液的电导率

温度/℃	c/（mol·L^{-1}）			
	1.000**	0.100 0	0.020 0	0.010 0
0	0.065 41	0.007 15	0.001 521	0.000 776
5	0.074 14	0.008 22	0.001 752	0.000 896
10	0.083 19	0.009 33	0.001 994	0.001 020
15	0.092 52	0.010 48	0.002 243	0.001 147
16	0.094 41	0.010 72	0.002 294	0.001 173
17	0.096 31	0.010 95	0.002 345	0.001 199
18	0.098 22	0.011 19	0.002 397	0.001 225
19	0.100 14	0.011 43	0.002 449	0.001 251
20	0.102 07	0.011 67	0.002 501	0.001 278
21	0.104 00	0.011 91	0.002 553	0.001 305
22	0.105 94	0.012 15	0.002 606	0.001 332
23	0.107 89	0.012 39	0.002 659	0.001 359
24	0.109 84	0.012 64	0.002 712	0.001 386
25	0.111 80	0.012 88	0.002 765	0.001 413
26	0.113 77	0.013 13	0.002 819	0.001 441

续表

温度/℃	$c/$（mol·L^{-1}）			
	1.000**	0.100 0	0.020 0	0.010 0
27	0.115 74	0.013 37	0.002 873	0.001 468
28	—	0.013 62	0.002 927	0.001 496
29	—	0.013 87	0.002 981	0.001 524
30	—	0.014 12	0.003 036	0.001 552
35	—	0.015 39	0.003 312	—
36	—	0.015 64	0.003 368	—

注：电导率的单位为 S·cm^{-1}。

**：在空气中称取 74.56 gKCl，溶于 18 ℃的水中，稀释到 1 L，其浓度为 1.000 mol·L^{-1}（密度为 1.044 9 g·cm^{-3}），再稀释得其他浓度溶液。

附录十　不同温度下无限稀释离子的摩尔电导率

温度 离子	0 ℃	18 ℃	25 ℃	50 ℃
H$^+$	225	315	349.8	464
K$^+$	40.7	63.9	73.5	114
Na$^+$	26.5	42.8	50.1	82
NH$_4^+$	40.2	63.9	73.5	115
Ag$^+$	33.1	53.5	61.9	101
1/2Ba^{2+}	34.0	54.6	63.6	104
1/2Ca^{2+}	31.2	50.7	59.8	96.2
OH$^-$	105	171	198.3	(284)
Cl$^-$	41.0	66.0	76.3	(116)
NO$_3^-$	40.0	62.3	71.5	(104)
CH$_2$COO$^-$	20.0	32.5	40.9	(67)
1/2SO$_4^{2-}$	41	68.4	80.0	(125)
1/4[Fe(CN)$_6$]^4	58	95	110.5	(173)

注：Λ_m^∞ 的单位为 S·cm^2·mol^{-1}。

附录十一　298.15 K 标准电极电势及其温度系数

电极	电极反应	电极电势 $\phi^\ominus$ /V	温度系数 $(d\phi^\ominus/dT)$ / $(mV \cdot K^{-1})$
Ag^+，Ag	$Ag^++e\rightarrow Ag$	0.799 1	−1.000
$AgCl$，Ag，Cl^-	$AgCl+e\rightarrow Ag+Cl^-$	0.222 4	−0.658
AgI，Ag，I^-	$Ag\ I+e\rightarrow Ag+I^-$	−0.151	−0.284
Cd^{2+}，Cd	$Cd^{2+}+2e\rightarrow Cd$	−0.403	−0.093
Cl_2，Cl^-	$Cl_2+2e\rightarrow 2Cl^-$	1.359 5	−1.260
Cu^{2+}，Cu	$Cu^{2+}+2e\rightarrow Cu$	0.337	0.008
Fe^{2+}，Fe	$Fe^{2+}+2e\rightarrow Fe$	−0.440	0.052
Mg^{2+}，Mg	$Mg^{2+}+2e\rightarrow Mg$	−2.37	0.103
Pb^{2+}，Pb	$Pb^{2+}+2e\rightarrow Pb$	−0.126	−0.451
PbO_2，$PbSO_4$，SO_4^{2-}，H^+	$PbO_2+SO_4^{2-}+4H^++2e\rightarrow PbSO_4+2H_2O$	1.685	−0.326
OH^-，O_2	$O_2+2H_2O+4e\rightarrow 4OH^-$	0.401	−1.680
Zn^{2+}，Zn	$Zn^{2+}+2e\rightarrow Zn$	−0.762 8	0.091

附录十二　常用参比电极的电势与温度系数

电极	电极反应	电极电势 $\phi^\ominus$ /V	温度系数 $(d\phi^\ominus/dT)$ / $(mV \cdot K^{-1})$
氢电极	$pt\mid H_2\mid H^+(c(H^+)=1)$	0.000 0	—
饱和甘汞电极	$Hg\mid Hg_2Cl_2\mid$ 饱和 KCl	0.241 5	−0.761
摩尔甘汞电极	$Hg\mid Hg_2Cl_2\mid 1mol\cdot dm^{-3}KCl$	0.280 0	−0.275
甘汞电极	$Hg\mid Hg_2Cl_2\mid 0.1mol\cdot dm^{-3}KCl$	0.333 7	−0.875
银–氯化银电极	$Ag\mid AgCl\mid 0.1mol\cdot dm^{-3}KCl$	0.290	−0.3

参 考 文 献

[1] 韩国彬，陈良坦，李海燕. 物理化学实验［M］. 厦门：厦门大学出版社，2010.

[2] 高丕英，李江波. 物理化学实验［M］. 上海：上海交通大学出版社，2010.

[3] 武汉大学化学与分子科学学院实验中心. 物理化学实验（第二版）［M］. 武汉：武汉大学出版社，2012.

[4] 高职高专化学教材编写组. 物理化学实验（第三版）［M］. 北京：高等教育出版社，2008.

[5] 张坤玲，王景芸. 物理化学（实训篇）（第二版）［M］. 大连：大连理工大学出版社，2009.

[6] 罗鸣，石士考，张雪英. 物理化学实验［M］. 北京：化学工业出版社，2012.

[7] 杨仲年，曹允洁，徐秋红. 物理化学实验［M］. 北京：化学工业出版社，2012.

[8] 东北师范大学，等. 物理化学实验（第二版）［M］. 北京：化学工业出版社，1989.

[9] 复旦大学，等. 物理化学实验（第二版）［M］. 北京：化学工业出版社，1993.

[10] 孙尔康，张剑荣. 物理化学实验（第二版）［M］. 南京：南京大学出版社，2014.

[11] 李素婷. 物理化学［M］. 北京：化学工业出版社，2007.

[12] 侯炜. 物理化学［M］. 北京：科学出版社，2011.